KB033404

크루즈관광의 성공전략

김 천 중 지음

이 저서는 2017년 용인대학교 학술연구조성비 재원으로 수행된 연구임

크루즈관광의 성공전략

김 천 중 지음

머리말

크루즈관광의 성공전략

크루즈관광선은 인류가 창조한 지상 최대의 행복을 주는 교통기관이다. 인류가 오래도록 꿈꾸어 왔던 여유롭고 안전하고, 동일한 교통기관으로 일시에 가장 많은 순수한 관광목적의 관광객을 이동시키는 수단은 크루즈관광선이 유일한 것이며, 이러한 기능을 다른 교통기관으로 당분간 대체할 수가 없을 것이다.

따라서 크루즈관광선의 발전은 그 나라의 관광정책의 수준을 보여주는 결정적인 기준이 되는 것이다. 한국은 이러한 점에서 세계적인 조선기술, 수준 높은 관광인력과 풍부한 무대공연 기술, 실용음악, 태권도 등 공연예술이 다양하게 발전하여 총체적으로 높은 수준의 경쟁력을 가지고 있다.

관광산업은 모든 산업의 총체이며 그 나라 문화의 열매라고 할 수 있다. 그러나 한국은 이러한 굳건한 토양 위에서 장기적인 계획하에 단계적으로 발전해야 함에도 불구하고, 정치적 판단이나 부처 간 이기주의에 의하여 기본적인 발전원칙을 지키지 못하여 기대한 정도의 성과를 내지 못하고 있다. 또한 시장의 변화에 따라서 자유롭게 발전해야 하는 관광사업 분야가 과거의 관련 법규에 의하여 시의 적절하게 시장의 변화를 수용하지 못하고 있다.

이러한 결과로 관광사업의 다양성과 혁신성이 탄력을 잃게 되면서, 관광시장이 축소 또는 정체되어 청년실업과 관광서비스 분야의 일자리 창출 저해의 원인이 되고 있다.

세계의 관광시장은 최고의 상품을 최저의 가격으로 시장에 내놓기 위해 총력을 기울이고 있다. 이러한 관광상품의 대표적인 사례가 크루즈 관광상품이라고 할 수 있다. 가격이 비싸고, 호화로운 상품으로만 알려진 크루즈관광여행은 크루즈선사의 선박이 날로 대형화되면서 가격이 저렴해지고 있다.

삼 면이 바다로 이루어진 전통적 해양국가인 한국도 이러한 경쟁에 돌입하기 위한 절호의 시대를 맞이하고 있다. 그러나 미래를 보는 혜안을 가진 진솔한 지도자, 꿈을 현실화시키려는 천재적 경영자, 삶의 격조와 이상이 높은 기업인을 사랑하는 국민들이

하나가 되지 않으면 이를 실현하기는 쉽지 않을 것이다.

관광산업은 인류의 꿈과 미래를 실현하는 산업으로서, 여러 가지 기술을 총동원하여 전 역량을 기울인다면, 과거에는 상상하지 못했던 성과를 이룩할 수 있을 것이다. 이러한 변화의 바람이 불어와 한반도를 중심으로 세계 크루즈시장이 재편되는 날이 올 것임을 의심할 필요가 없다.

필자는 이러한 세계시장의 대변혁을 앞두고 1999년에 『크루즈사업론』, 2008년에 『크루즈관광의 이해』, 2012년에는 『해양관광과 크루즈산업』, 2016년에는 『크루즈관광의 비전』을 편찬하여 강의해 오면서 이 분야의 발전에 많은 관심을 가지고 연구와 교육을 병행해 왔다.

특히 전국의 80여 개 대학을 대상으로 개설한 온라인강좌를 통하여 열성적으로 크루즈과목을 수강하는 젊은 학생들로부터 해양강국의 열망을 느낄 수 있었음을 고맙게 생각하고 큰 힘이 되었다. 이들과 같은 청년들에게 기회와 꿈을 심어주기 위한 노력을 하는 것은 이 시대 기성세대들의 의무이자 책임일 것이다.

우리는 세월호의 아픔도 사드사태도 넘어서서 남북화해의 새로운 시대를 맞이하고 있다. 이때 우리가 준비하여야 하는 것은 미래에 대한 확신과 준비인 것이고, 바로 지금이 한반도 전 지역에 골고루 관광객을 공급해 줄 수 있는 수단인 크루즈관광선을 발전시켜야 할 시기인 것이다. 성공전략의 핵심은 미래에 대한 확신에 찬 도전인 것이다.

이를 위해서 본서에서는 전문지식뿐만 아니라 저변확대를 위하여 일반인도 크루즈여행에 쉽게 접근할 수 있도록 크루즈선 선택방법이나 크루즈여행 시 준비해야 할 사항, 선상안전훈련, 선상생활에 관한 내용 등을 보완하였다. 부록에는 전 세계 크루즈선의 제원을 비교할 수 있도록 사진자료와 함께 수록하였다.

벚꽃이 만개한

용인대학교 크루즈&요트마리나 연구소에서

Contents

차 례

CHAPTER_ 1

크루즈사업의 의의와 전망

CHAPTER

1 크루즈사업의 의의와 전망

제1절 크루즈의 의의와 분류

1. 크루즈의 개념 및 정의

1) 크루즈의 정의

크루즈란 '숙박이 가능한 선박을 이용하여 비교적 장거리의 항해를 하면서 때때로 경치가 수려한 항구나 관광지에 하선하여 기항지 여행을 하고, 다시 승선하여 항해여행을 하는 것'을 말한다. 주로 선내에서 숙식을 해결하기 때문에 비교적 고가의 경비를 요하므로 선사의 수익도 높고, 정박하는 지역에 대한 경제적 기여도가 높은 여행상품으로, 인력고용 · 조선사업 · 관광산업 등으로의 파급효과가 큰 관광상품으로 인식되고 있다. 숙박이 가능하고 편의시설이 완비된 선박을 이용하여 경치가 수려한 항로를 항해하면서 주변경치를 즐기거나 때때로 항구나 관광지에 하선하여 상륙여행을 실시하는 종합여행시스템이다.

표 1-1 | 크루즈의 정의

구분	연구자	크루즈의 개념
사전적 정의	-	• 여러 항구를 방문하여 항해하는 것 • 여행목적이나 목적지 없이 여행하는 것 • 신속하고 평온하게 또는 힘들이지 않고 움직이는 것
법적 정의 (국내)	「해운법」	• 국내항 간, 국내항과 외국항 간, 또는 외국항 간을 13인 이상의 여객 정원을 가진 5톤 이상의 선박으로 정기 또는 부정기적으로 운항하는 해상여객운송사업(「해운법」 제2조 1항 및 2항, 「해운법」 제7장 보칙 제51조) ※ 국토해양부에서는 크루즈 관련 항목을 신설할 계획
	「관광진흥법」	• 관광유람선업에 해당하며 「해운법」에 의한 해상여객운송사업 면허를 받은 자 또는 유선 및 도선업법에 의한 유선사업의 면허를 받거나 신고한 자로서 선박을 이용하여 관광객에게 관광을 할 수 있도록 하는 업(「관광진흥법」 시행령 제2조 3항) ※ 국제적으로 통용되는 크루즈선박 기준의 상세화가 필요함
협회 · 연구 기관의 정의	CLIA(1995)	• 떠다니는 리조트
	한국관광공사 (1987)	• 운송보다는 순수관광 목적의 선박여행으로 숙박, 음식, 위락 등 관광객을 위한 시설을 갖추고 수준 높은 관광상품을 제공하면서 수려한 관광지를 안전하게 항해하는 여행
	한국관광연구원 (1999)	• 숙박과 오락 및 여가활동을 할 수 있는 시설을 가지고 수준 높은 서비스를 제공하면서 2개국, 2개 기항지 이상을 연계하여 비교적 장거리의 일정에 따라 관광을 목적으로 운항하는 선박여행
학문적 정의	Kendall(1983)	• 위락추구 여행자들에게 다수의 매력적인 항구를 방문하게 하는 해안 항해여행
	Holloway (1985)	• 선박을 이용한 관광을 목적으로 하는 주요 항해
	Ritter & Schafer(1998)	• 유영성(遊泳性)의 여가환경 구조에 맞게끔 만들어진 선상여행
	김천중(1999)	• 숙박과 오락 및 여가활동을 할 수 있고 비교적 장거리여행도 가능하게 하는 시설을 갖춘 선박여행
	이경모(2004)	• 운송보다 순수관광 목적의 여행으로 국내외항을 정기 또는 부정기적으로 운항하는 선박에서 다양한 등급의 숙박 · 음식 및 식당시설, 다양한 위락활동 등에 필요한 시설을 갖추고, 수준 높은 관광 서비스를 제공하면서 기항지를 안전하게 순항하는 여행
	하인수(2004)	• SIT(Special Interest Tour) 성격이 강한 위락 선박여행으로, 선내에서의 다양한 여가활동과 다수의 매력적인 항구방문 및 해안에서의 수상 레크리에이션 활동 등을 통해 관광욕구를 충족시키는 여행
	김천중(2008)	• 숙박이 가능하고 편의시설이 완비된 항해선박을 이용하여 때때로 경치가 수려한 항구나 관광지에 하선하여 상륙여행을 실시하는 종합여행시스템

자료 : 한국문화관광정책연구원

2) 크루즈의 개념

일반적으로 운송의 개념을 지니는 페리나 여객선과는 달리 크루즈는 운송보다 순수 관광 목적의 선박여행으로 숙박, 음식, 위락 등 관광객을 위한 시설을 갖추고, 수준 높은 관광서비스를 제공하면서 수려한 관광지를 안전하게 순항하는 여행이라고 할 수 있다. 크루즈는 운송서비스를 제공하는 '선박', 그리고 숙박・음식 서비스를 제공하는 '호텔' 및 위락활동을 제공하는 '리조트'의 기능을 합친 개념이다. 유람선이나 페리는 운항 목적이나 숙박시설 및 허가된 단일 운항거리만 운항하는 제한사항 등에서 크루즈의 개념과 차이가 있다. 페리(ferry)는 여객 또는 여객과 화물을 함께 운송하는 선박을 말하는데, 이는 운송이 주목적이며 정기적이고 출발지와 도착지가 정해져 있다. 다른 용어로 '화객선' 또는 '화물여객선'이라고 한다.

크루즈선박의 규모면에서 대양크루즈선과 연안크루즈선으로 크게 나눌 수 있으며, 대양 크루즈선의 표준형은 선장 150m 이상, 2만 톤 이상, 600명의 승선인원, 20knot를 표준형(일본)으로 하며, 연안크루즈선의 규모나 시설규정은 정해진 것이 없다. 법적으로는 한국의 해운 관련 법규에 크루즈에 관한 법률이 별도로 명시되어 있지 않으나, 크루즈가 여객을 대상으로 하고 국내와 국외의 항구를 운항한다는 측면에서 「해운법」에 언급되어 있는 '해운업'에 해당된다고 볼 수 있다. 「해운법」에 '크루즈'로 명시된 법 규정은 없으나, 사업의 성격을 고려해 보면, 크루즈는 「해운법」에서 언급하고 있는 해상여객운송사업으로 간주할 수 있다. 법적으로 크루즈는 '국내항 간, 국내항과 외국항 간, 또는 외국항 간을 13인 이상의 여객정원을 가진 5톤 이상의 선박으로 정기 또는 부정기적으로 운항하는 해상여객운송사업'이라고 할 수 있다. 「관광진흥법」 제3조에 의한 관광객이용시설업 중 '크루즈업'으로 등록해야 '크루즈'라는 용어를 쓸 수 있으며, 이 경우 숙박시설을 갖추어야 하고, '순항여객운송사업'이나 '복합여객운송사업'으로 면허를 받아야 한다. 관광사업으로 등록할 경우에만 '관광진흥개발기금'의 혜택을 받을 자격을 취득할 수 있다.

표 1-2 | 「관광진흥법」의 관광객이용시설업 중 관광유람선업의 종류

1. 일반관광유람선업	「해운법」에 따른 해상여객운송사업의 면허를 받은 자나 「유선도선사업법」에 의한 유선사업의 면허를 받거나 신고한 자가 선박을 이용하여 관광객에게 관광을 할 수 있도록 하는 업
2. 크루즈업	「해운법」에 따른 '순항여객운송사업'이나 '복합해상여객운송사업'의 면허를 받은 자가 해당 선박 안에 숙박시설, 위락시설 등 편의시설을 갖춘 선박을 이용하여 관광객에게 관광을 할 수 있도록 하는 업

자료 : 「관광진흥법시행령」(2018.01.01 시행)

표 1-3 | 「해운법」의 해상여객운송사업 종류

1. 내항 정기 여객운송사업	국내항(해상 또는 해상과 연접한 내륙수로에 소재한 장소로서 상시적으로 선박에 사람이 타고 내리거나 물건을 싣고 내릴 수 있는 장소를 포함한다. 이하 같다) 간에 일정한 항로 및 일정표에 의하여 운항하는 해상여객운송사업
2. 내항 부정기 여객운송사업	국내항 간에 일정한 항로 또는 일정표에 의하지 아니하고 운항하는 해상여객운송사업
3. 외항 정기 여객운송사업	국내항과 외국항 간 또는 외국항 간에 일정한 항로 및 일정표에 의하여 운항하는 해상여객운송사업
4. 외항 부정기 여객운송사업	국내항과 외국항 또는 외국항 간에 일정한 항로 및 일정표에 의하지 아니하고 운항하는 해상여객운송사업
5. 순항 여객운송사업	해당 선박 안에 숙박시설, 식음료시설, 위락시설 등 편의시설을 갖춘 대통령령으로 정하는 규모 이상의 여객선을 이용하여 관광을 목적으로 해상을 순회하여 운항(국내외의 관광지에 기항하는 경우를 포함한다)
6. 복합 해상 여객운송사업	제1호부터 제4호까지 규정 중 어느 하나의 사업과 제5호의 사업을 함께 수행하는 해상여객운송사업

자료 : 「해운법」(2018.01.01 시행)

2. 크루즈시장의 특성

1) 세계의 크루즈시장 현황

(1) 크루즈선시장의 특징

크루즈시장은 크루즈조선시장과 크루즈관광시장으로 크게 분류할 수 있다. 크루즈선시장의 가장 큰 특징은 소수의 조선소가 제한된 수의 고객에게 크루즈선박을 공급한다는 것이다. 수요측면에서 시장은 카니발 크루즈(Carnival Corporation)와 로열 캐리비안 크

루즈(Royal Caribbean Cruises)의 양 그룹이 전 세계 선대의 각각 46% 및 26%를 점유, 공급측면에서의 상황도 이와 유사하다. STX 유럽(프랑스/핀란드), Fincantieri(이탈리아) 및 Meyer Werft(독일)의 3개사가 시장을 주도, 3개사의 수주잔고 합계는 전 세계 현 수주잔고의 95%이며, 지난 3년간 인도된 크루즈선의 90%가 상기 3개사에서 건조되었다. 세계 크루즈산업은 1990년 이래 연간 7%를 상회하는 높은 성장률을 기록했다. 크루즈선사 간 인수·합병을 통해 출범한 세계 3대 크루즈선사(카니발, 로열 캐리비안, 스타크루즈) 그룹이 세계 크루즈시장의 80.2%를 차지하며, 지속적인 공급확대를 통해 새로운 수요를 창출해 내고 있다.

전 세계적으로 크루즈 수요가 매년 증가하고 있으나, 세계 최대의 크루즈시장을 형성하는 북미 지역의 성장률은 둔화되고 있으며, 이외 지역의 성장률은 증가하는 경향을 보인다. 크루즈선사 간의 인수·합병이 가속화되고 있어 선사의 대형화를 초래하고 있고 규모의 경제에 의한 크루즈의 과점체제화 현상이 나타나고 있으며, 생산성 향상과 경쟁력 확보, 선상 매력물 확보 등의 기술적 이유로 크루즈선박이 대형화되고 있다. 공급초과에 따른 경쟁심화로 크루즈상품가격 하락과 시장세분화가 진행되는 추세이며, 북미권은 이미 시장세분화가 정착되었고, 시장수요의 욕구변화와 수요층의 확대에 따라 기존 6~14일 이상의 장기 크루즈상품이 상대적으로 감소하고 2~5일 여정의 단기 크루즈상품이 지속적으로 증가추세를 보인다. 이는 출항항과 하선항의 선박입출항을 잦아지게 하여 타 지역 승객의 방문횟수를 증가시키는 것은 물론 지역의 경제적 이익 증대에 기여했다.

과거에 비해 크루즈상품의 대중화가 진행되고 있으나, WTO(World Tourism Organization)의 조사에 따르면, 크루즈 이용객 46%의 연평균소득이 7만 5천 달러 이상으로 크루즈상품 소비자가 비교적 고소득층에 분포하고 있는 것으로 나타났다. 크루즈산업이 발달한 북미와 유럽권은 크루즈권역 점유율의 대부분을 차지하고 있다.

OSC(Ocean Shipping Consultants)에 따르면, 세계 크루즈 관광객 수는 2010년 1,800만 명, 2015년 2,400만 명, 2020년 2,970만 명으로 증가할 것으로 예상했다. 크루즈수요에 대하여 협회, 컨설팅사 간의 예측에는 다소 차이가 있으나, 전 세계 크루즈수요는 지속적으로 증가하고 그 증가세는 점차 커질 것으로 보인다.

표 1-4 | 크루즈 기항지 점유율 현황

권 역	점유율(%)
카리브해	46.58
중남미	12.74
유럽	10.89
지중해	10.22
알래스카	7.95
하와이, 남태평양	4.3
기타	2.26
미국연안, 캐나다	2.38
대서양	1.58
극동아시아	0.57
동남아시아	0.54

최근 5년간(2009~2014) 크루즈 관광객(모항기준)은 연평균 5.1% 성장, 시장규모는 연간 운임기준 332억 달러(38조 9천억 원)로 추산(2014년)하고 있다.

2015년 크루즈 관광객(모항기준)은 2,400만 명으로 예측되며, 2020년 3,110만 명으로 연평균 5.3% 이상 성장세가 지속될 것으로 전망된다. 또한 각종 관련 기관에서는 아래와 같이 크루즈 관광객 수의 증가량을 예측하고 있다.

표 1-5 | 크루즈 관광객 수의 증가량 예측

구분	2015년	2020년	증가율
Cruise Market Watch	2,300만 명	2,600만 명	연 2.5%
Ocean Shipping Consultants	2,400만 명	2,970만 명	연 4.4%
CLIA (세계 크루즈산업 협회)	2,300만 명	3,700만 명	연 10.0%

다음의 표는 세계와 지역별 크루즈 관광객의 증가량을 예측한 것이다.

표 1-6 | 세계 크루즈관광 추이 및 전망 (단위: 천명)

구분	2000년	2005년	2010년	2015년	2020년
세 계	960	1,430	1,910	2,400	3,110
북 미	670	1,000	1,100	1,280	1,490
유 럽	200	320	570	750	980
아시아	78	76	91	209	532
오세아니아	11	19	47	83	107
기타	–	0.2	0.9	0.8	1.0

지역별로 볼 때 전 세계 크루즈시장 중 북미시장이 차지하는 비율이 가장 크며, 유럽, 아시아 순으로 나타나고 있다. OSC에 따르면 향후 유럽과 아시아 시장의 성장률이 높을 것으로 예측하고 있다.

표 1-7 | 지역별 크루즈 관광객 수 추이 및 전망 (단위: 천명)

구분	2005	2010	2015	2020
북 미	9,250	12,000	14,500	17,200
유 럽	3,200	4,500	5,900	7,100
아시아	840	1,270	1,700	2,020
총 계	13,600	18,000	22,600	27,000

(2) 크루즈선시장의 현황

현재 크루즈선시장은 세계경제 둔화 위험과 선박연료유 상승으로 인한 불확실성에 직면하고 있다. 최근 선진경제(특히 유럽)의 둔화 가능성은 선주들의 선박 발주를 주저하게 하는 요인이다. 세계크루즈선협회(CLIA: Cruise Lines International Association)에 따르면 카리브해를 포함한 북미시장이 전체의 59%, 지중해와 유럽시장이 27%를 점유하고 있다.

현재 수주잔고는 5.5만 객실(22척) 정도인데, 이는 현재 선대의 약 14%에 불과한 수준으로 추정하고 있다. 발주선사인 카니발선사와 로열 캐리비안선사의 수익성 역시 최악의 상황은 탈피하고 있어 향후 세계경제에 대한 불확실성이 해소된다면 선박 발주상황 역시 개선될 것으로 보인다.

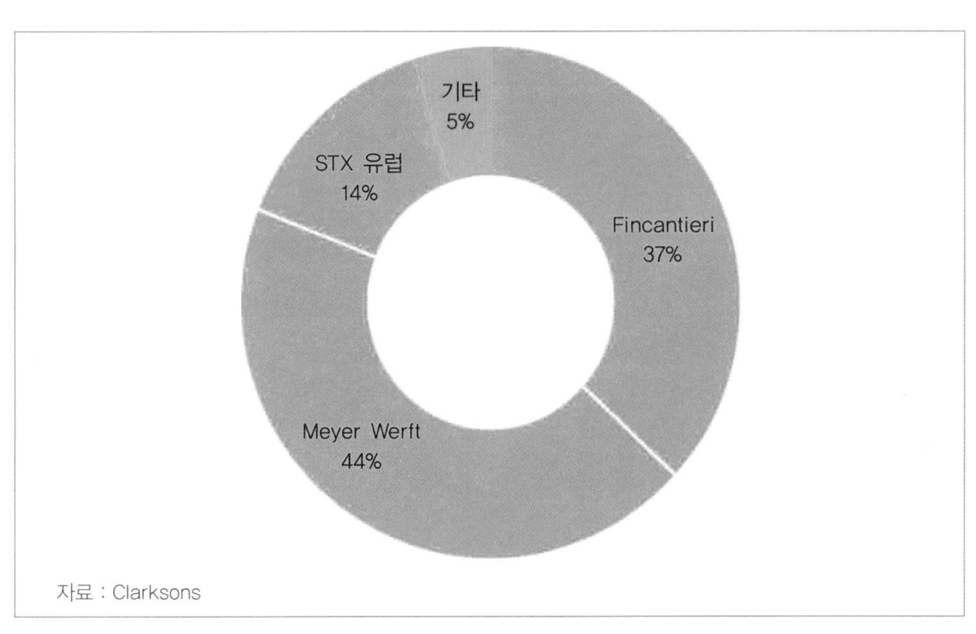

그림 1-1 | 조선소별 크루즈선 수주잔고 분석

표 1-8 | 전 세계 크루즈 TOP10 브랜드 및 점유율

브랜드	객실	점유율(%)
Royal Caribbean Int'l	61,971	15
Carnival Cruise Line	55,974	13
Princess Cruises	40,506	10
Costa Crociere	31,658	8
Norwegian Cruises	28,004	7
MSC Cruise	24,474	6
Holland America Line	22,874	5
Celebrity Cruises	18,487	4
P&O Cruises	18,262	4
Aida Cruises	12,002	3

자료 : Clarksons

크루즈산업은 크루즈여행과 크루즈선 조선산업으로 구성되어 있다. CLIA의 회원사들은 2010년 103%의 증가율을 보이고 있고, 1,500만의 승객을 유치하였다. 2011년에는

1,600만 승객을 유치하여 6.6%의 증가율을 예측하고 있다. 조선산업은 14개의 새로운 크루즈선이 주문이 되어 CLIA 25개 회원사들에게 인도될 것이다. 삼성조선소의 경우 유토피아 장기체류 호텔선사에 장기체류용 선박으로 주문되어 있지만, 크루즈선 조선시장에 진입하려는 강력한 의지로 볼 때 부분적으로 크루즈선으로 간주할 수 있다.

표 1-9 | 크루즈선박 주문표(2011)

선사/선박	조선소	총톤수	객실수	선박 인도 추정 날짜	추정가격 (백만)
AIDA 크루즈					
AIDA Sol	Meyer Werft	71,000	2,174	2011년 4월	$5억 7천7백
–	Meyer Werft	71,000	2,174	2012년 5월	$5억 6천5백
–	Meyer Werft	71,300	2,192	2013년 겨울	$4억 1천7백
Carnival 크루즈					
Carnival Magic	Ficantieri	130,000	3,625	2011년 봄	$8억 5천9백
Carnival Breeze	Ficantieri	130,000	3,690	2012년 봄	$7억 3천8백
Celebrity 크루즈					
Celebrity Sihouette	Meyer Werft	71,000	2,084	2011년 가을	$7억 9천8백
Celebrity Reflection	Meyer Werft	126,000	3,030	2012년 가을	$7억 6천8백
Costa 크루즈					
Costa Favolosa	Ficantieri	114,200	3,012	2011년 봄	$7억 2천6백
Costa Fascinosa	Ficantieri	114,200	3,012	2012년 가을	$7억 2천6백
Disney 크루즈					
Disney Fantasy	Meyer Werft	128,000	2,500	2012년 봄	$8억 9천9백
GNMTC libya					
–	STX France	139,400	3,478	2012년 12월	$7억 1천1백
Hapag Lloyd					
Europa 2	STX France	39,500	516	2013년 봄	$3억 1천7백
MSC 크루즈					
MSC Divina	STX France	140,000	3,502	2012년 겨울	$7억 4천2백
NCL					
–	Meyer Werft	143,500	4,000	2013년 봄	$8억 4천
–	Meyer Werft	143,500	4,000	2014년 봄	$8억 4천
Oceania 크루즈					
Marina	Ficantieri	65,000	1,260	2011년 1월	$5억 3천

선사/선박	조선소	총톤수	객실수	선박 인도 추정 날짜	추정가격 (백만)
Riviera	Ficantieri	65,000	1,260	2012년 4월	$5억 3천
Ponant 크루즈					
L'Austral	Ficantieri	10,600	264	2011년 5월	$1억 5천
Princess 크루즈					
–	Ficantieri	141,000	3,600	2013년 봄	$7억 3천5백
–	Ficantieri	141,000	3,600	2014년 봄	$7억 3천5백
Sea Cloud					
Sea Cloud Hussar	Factoria Naval	–	136	2011년 봄	$1억 4천
Seabourn 크루즈					
Seabourn Quest	T. Mariotti	32,000	450	2011년 여름	$2억 9천
Utopia 장기체류호텔사					
Utopia	Samsung	105,000	–	2013년	$11억

자료 : MARINE LOG Magazine

2) 크루즈관광의 특성

(1) 부정기운항

일반 정기여객선과 달리 크루즈선박은 정기운항보다 부정기운항을 택하는 경우가 많다. 일부 카리브해의 단기크루즈를 제외하고 대부분의 크루즈선박은 계절에 따라, 또는 경제·정치적 상황 및 시장의 수요·공급 상황에 따라 크루즈항로를 변경한다. 관련 관청으로부터 허가된 일정항로를 공시하여 정기적으로 승객을 수송하는 일반 여객선과 달리 크루즈는 계획된 부정기항로를 택하고 있다.

(2) 다양한 객실등급

크루즈선박의 승객용 선실(객실)은 한정된 소수등급으로 구성된 일반 여객선과 달리 매우 다양한 등급으로 구성되어 있다. 단기크루즈를 운영하는 크루즈사의 경우 비교적 작은 5~10개 정도의 등급으로 객실을 구분하고 있으나, 10일 이상 또는 세계일주와 같은 중장기 크루즈를 운영하고 있는 선박의 경우 10~20개 등급의 객실을 운영하여 중간소득계층의 승객부터 고소득계층의 승객까지 다양한 계층을 표적으로 하고 있다.

(3) 선박시설

일반 여객선 또는 페리는 운송시간 동안 체재할 기본적인 숙박시설과 식사시설 및 오락시설을 갖추고 있지만, 크루즈선박의 경우 호텔수준의 다양한 등급의 객실과 여러 종류의 식당시설과 바(bar)시설, 쾌적한 환경의 내부장식, 다수의 승객용 엘리베이터, 테이블게임과 슬롯머신의 카지노시설, 다수의 수영장, 사우나, 피트니스센터, 극장, 도서관, 선박의 흔들림을 최소화하는 스태빌라이저(stabilizer) 등 승객을 위한 다양한 시설을 갖추고 있다.

(4) 예약관리

정기여객선의 운송요금과 예약 및 판매는 비교적 단순하여 정해진 공시요금 및 일정한 유통체계를 갖추고 있으나, 크루즈선박의 요금은 객실등급별, 유통경로별, 시장수요별로 서로 다른 요금을 적용하며, 예약과 판매도 일반 정기여객선에 비해 복잡한 구조를 지닌다. 예약과 판매의 경우 정기여객선보다 장기간의 판매기간(sales lead time)을 필요로 하며, 예약의 변경 및 취소조건도 정기여객선에 비해 복잡한 양상을 띤다.

(5) 승무원 구조

정기여객선의 경우 승객의 안전과 운송 등 승무원의 업무가 비교적 제한되어 있는 반면, 크루즈선박 승무원의 경우 승객의 안전과 운송은 물론 편안한 숙박과 식사, 선상에서의 다양한 여가활동을 지원할 수 있는 업무수행능력을 지녀야 한다. 크루즈선박 승무원은 좀 더 서비스 지향적이어야 하며, 승객활동 중심의 사고를 필요로 한다.

표 1-10 | 정기여객선과 크루즈선의 구분

구분	정기여객선	크루즈선박
운항주기	정기운항	부정기운항
객실등급	적은 등급수	다양한 등급
선박시설	최소한의 숙박・식사시설 중심	호텔수준의 다양한 편의시설
예약관리	비교적 단순	복잡한 장기 예약관리
승무원	승객안전과 운송 등 기본적인 업무에 충실	승객활동을 중심으로 한 서비스 지향 사고 필요

자료 : 김천중(2008), 『크루즈관광의 이해』

3) 일반여행과 다른점

(1) 특별분야 관심관광

크루즈여행은 일반여행과는 달리 특별분야 관심관광(SIT : Special Interest Tourism)의 한 분야로 불리고 있다. 일반 패키지여행 또는 위락추구여행에 비해 선박여행에 관심 있는 일부 계층이 선호하는 것으로 보인다. 크루즈여행 수요는 일반여행을 경험한 계층이 다음단계 여행 상품으로 선택하는 경우가 많아 당분간 수요고갈 현상이 발생할 것으로 보이지는 않으며, 지속적으로 성장할 수 있는 여행상품 유형이라고 할 수 있다.

(2) 상품의 개념

일반여행의 경우 여행상품의 형태를 단체여행, 또는 개인여행으로 확연히 구분하여 선택하도록 되어 있으나, 크루즈여행은 동일한 선박에서 단체로 여행을 하되 선상과 육상에서의 활동을 개별적으로 할 수 있도록 함으로써 여행비용의 효율성과 활동의 자율성을 동시에 확보하고 있다. 일반 선박(페리)을 이용한 여행의 경우 승선요금에 숙박은 포함되어 있으나 선상에서의 식사는 포함되어 있지 않은 경우가 대부분이다. 크루즈여행의 경우 승선요금에는 해당 선실 숙박요금과 모든 선내 식사, 엔터테인먼트, 스포츠 활동, 영화, 사교활동을 위한 프로그램 및 대부분 선내활동에 필요한 비용이 포함되어 있다. 크루즈승선요금에 포함되어 있지 않은 요금은 대부분 개인적 성격의 비용으로 알코올음료, 팁, 미용실 이용료, 기항지관광, 카지노 등의 이용에 필요한 경비이다.

표 1-11 | 크루즈승선요금의 포함사항과 불포함사항

구분	내용
포함사항	모든 선내 식사, 선내 엔터테인먼트, 선내 스포츠활동, 선내 영화, 선내 사교활동을 위한 프로그램 및 대부분의 선내활동
불포함사항	알코올음료, 팁, 미용실 이용료, 기항지관광, 카지노 및 개인적 성격의 비용

자료 : 김천중(2008), 『크루즈관광의 이해』

(3) 수요시장

크루즈여행상품은 과거에 비해 빠른 속도로 대중화되고, 상품을 이용하는 계층도 다양해졌다. 소득수준이 상대적으로 높은 계층에 의해 이용되고 있으며, 따라서 일반여행자에 비해 소비규모가 크고, 수준 높은 서비스를 제공받고자 하는 계층으로 구성되어 있다. 아시아에서도 싱가포르와 홍콩을 비롯한 많은 국가들이 크루즈 유치를 위해 노력하고 있으며, 이러한 노력은 향후 지속될 것으로 보인다.

(4) 출입국 수속

항공을 이용한 출입국 수속의 경우와 달리 크루즈여행의 경우 최초 승선 시 여권을 선박의 사무장에게 위탁하고, 사무장의 협조하에 각 항구에서 출입국 수속이 진행된다. 크루즈 전용터미널이 있는 경우 출국에 대한 수속은 공항의 출국수속(CIQ: 세관, 이민, 검역)와 동일한 방법으로 수하물체크인 후 출국수속을 마치고 중립지대(buffer zone)를 지나 선박에 탑승하지만, 크루즈선박의 입항에 대하여 호의적인 국가에서 입국심사의 경우 다소 다르게 진행될 수 있다. 대부분의 크루즈여행객은 세계 각국에서 유치하기 위해 노력하고 있고, 이로 인해 관광 관련 행정당국에서 출국수속 관련 당국에 사전에 협조를 의뢰하여 간편한 절차로 출국수속을 거치도록 하는 경우가 많다. 크루즈입항에 대해 호의적인 국가에서 대개의 경우 다수의 출국수속관리들이 도선사와 함께 항구의 외항에 위치한 도선사 탑승위치까지 동승하여 선박에 선탑하고, 도선되어 정박할 선석까지 유도되는 동안 일괄적으로 선상에서 입국수속을 진행하게 된다. 입국수속 진행 시 승객을 선내 라운지에 집합시켜 여권과 얼굴을 각각 대조하는 경우도 있으며, 출국수속 관리들이 선박의 사무장에 입국자목록을 받아 개별면접 없이 일괄 수속 처리하는 경우도 있다. 기항지에서의 출국수속의 경우 크루즈선박 사무장에게 전원 탑승을 신용으로 확인하고, 별도의 면접 없이 일괄적으로 출국수속을 해주는 경우가 많다. 크루즈승객은 항공여행과 다르게 출국수속관리와의 직접 대면 없이 출입국 수속을 행하게 되며, 이러

표 1-12 | 출입국 상황별 수속절차

육상수속	크루즈 전용터미널이 있는 경우	수하물체크인 → 출국수속 개별수속 → 편의시설이 있는 버퍼존 → 승선
	크루즈 전용터미널이 없는 경우	국제여객터미널(또는 임시여객수속장)에서 출국수속 개별수속 → 도보 또는 셔틀버스로 선석으로 이동 → 승선
선상수속	출국수속 직접면접이 없는 선상수속	Pilot station 접근 시부터 선실에서 대기 → 선내 라운지에서 직접대면 없이 출국수속 일괄수속 → 하선 → 버퍼존 → 입국
	출국수속 직접면접이 있는 선상수속	Pilot station 접근 시부터 선실에서 대기 → 선내 라운지에서 안내에 따라 개별적으로 출국수속 → 하선 → 버퍼존 → 입국

자료 : 김천중(2008), 『크루즈관광의 이해』

한 편리함이 크루즈여행의 장점으로 부각되고 있다.

(5) 수하물 관리

크루즈여행은 일반여행에 비해 수하물관리가 용이한 편이다. 일반여행의 경우와 달리 크루즈여행의 경우 승선 시 선실에 풀어 보관한 수하물의 내용을 다시 꾸리지 않고, 기항지마다 수하물 없이 승하선이 가능하다.

(6) 기상환경의 영향

항공여행의 경우 태풍이나 폭우와 같이 기상환경이 악화되어도 다소의 출발지연 및 공항선회 등으로 기상의 영향을 피할 수 있으나, 크루즈여행의 경우 태풍이나 파고가 높은 날씨에 순항하지 못하고, 기상이 악화될 경우 현장통과를 지연시키며, 대체로 그 영향을 받아야 하는 단점이 있다. 대부분의 크루즈선박은 균형추를 장착하여 선박의 롤링과 피칭을 감소시키고는 있으나, 크루즈여행은 항공여행에 비해 기상환경의 영향을 많이 감수해야 한다.

3. 크루즈의 구성요소와 분류

1) 크루즈의 구성요소

(1) 주요 구성요소

크루즈의 주요 구성요소는 크루즈 수요시장, 크루즈선박, 크루즈 기항지 및 크루즈 활동으로 구분할 수 있다. 크루즈 수요시장은 주로 여행업체를 통해 조직되고 모집되며, 항공업체와 연계되어 판매되고, 각국의 관광청과 연계되어 홍보된다. 크루즈선박은 이를 건조하는 한정된 수의 전문업체에 의해 제작되고 있으며, 아직 국내에서 건조된 크루즈선박은 없고, 북미시장이 전체의 59%, 지중해와 유럽시장이 27%를 점유하고 있다. 일본은 최근 자체적으로 크루즈선박을 건조하여 공급함으로써 크루즈시장의 확대를 가능하게 하고 있다. 크루즈의 특징 중 하나는 목적지가 없더라도 선상생활만을 즐기며 항해하는 여행(cruise to nowhere)이 가능하다는 것이지만, 크루즈산업의 주요 구성요소 중 하나는 기항지로서 여행 중 방문하게 될 기항지의 매력이 크루즈상품을 구매하는 수요시장의 선택기준 중 하나라고 할 수 있다. 크루즈승객이 희망하는 특정 선상활동 또는 선상 프로그램을 크루즈선사가 제공한다면 기항지의 매력이 감소하겠으나 대부분의 크루즈승객은 크루즈여행 중 1~2일에 한 번씩 매력 있는 항구에 기항하는 것을 희망하고 있다.

(2) 크루즈선사

크루즈산업의 핵심 주체라 할 수 있는 크루즈선사는 2010년 1월 CLIA 등록기준 52개사로, 이들이 운영하는 크루즈선박은 총 300척이다(CLIA, 2010). 크루즈선사는 최근 인수와 합병을 반복하면서 카니발과 로열 캐리비안 및 스타크루즈와 같은 대형 크루즈선사를 탄생시켰다. 아시아에서는 싱가포르와 일본 등을 중심으로 선사가 운영되고 있으나, 아직 한국의 기업이 소유하거나 운영하고 있는 해양크루즈 중심의 선사는 없으나 가까운 시기에 국적 크루즈 선사가 출범할 예정이다.

(3) 크루즈산업의 기타 구성요소

많은 업계와 기관들이 크루즈산업과 관련되어 있는데, 대표적 업종인 해운대리점업은 크루즈선박의 입출항에 있어 물품의 공급, 사전 수속의 진행, 유관기관과의 협조, 현지 정보의 제공 등에 있어 중요한 역할을 담당하고 있다. 여행업은 판매와 마케팅 측면에서 밀접한 관계를 가지고 있다. 해운·항만 관련 행정기관, 선박 설비·장비 제조업체, 선박용품 공급업체, 구난·보험·법률업체, 운송·하역·창고업체, 해운·항만 관련 국제조직·협회 등이 크루즈산업과 밀접하게 연관되어 있다.

2) 크루즈의 분류

(1) 선박 규모에 따른 분류

크루즈선박의 규모에 따라 소형 선박 크루즈(small ship cruise), 중형 선박 크루즈(mid-size ship cruise), 대형 선박 크루즈(large ship cruise) 및 초대형 선박(very large cruise vessel)으로 구분된다. 소형 선박은 25,000톤 이하 규모의 선박으로 일반적으로 승객을 500명 정도까지 수용하고, 중형 선박은 25,000~70,000톤 규모로 승객을 500~1,700명 규모로 수용하며, 대형 선박은 70,000~100,000톤급의 규모로 승객을 1,700명 이상 수용하며, 초대형 선박은 100,000톤 이상으로 승객정원 2,500명 이상인 선박을 의미한다.

(2) 항해지역에 따른 분류

크루즈선박의 주요 항해지역에 따라 해양크루즈(ocean cruise), 연안크루즈(coastal cruise) 및 하천크루즈(river cruise)로 구분된다. 해양크루즈는 일반적인 개념의 크루즈로 대양을 항해하거나 국가 간을 이동하는 개념의 크루즈를 말하며, 연안크루즈는 한 지역의 해안을 따라 항해하는 크루즈를 말한다. 하천크루즈는 미국의 미시시피강이나 유럽 및 러시아의 크고 긴 강을 따라 숙박을 제공하며 항해하는 크루즈를 의미한다.

(3) 크루즈 목적에 따른 분류

크루즈 목적에 따라 관광크루즈(pleasure cruise), 세미나크루즈(seminar cruise) 및 테마크루즈(theme cruise)로 구분할 수 있다. 관광크루즈는 위락과 휴식 등의 관광목적으로 크루즈를 즐기는 형태를 의미하며, 대부분의 경우 크루즈선사에서 직접 운영하고 판매한다. 세미나크루즈는 기업이나 사회 · 문화 · 경제 · 정치단체 등이 교육이나 훈련 및 연수를 목적으로 행하는 크루즈를 뜻하며, 일본에서 많이 행해지고, 주로 관련단체에서 선박을 전세 내어 승객을 모집하고, 기항지를 선택하여 운영한다. 이 경우 크루즈선사는 선박을 임대해 주고, 숙박과 식사 및 선상 프로그램을 운영하게 된다. 테마크루즈는 오페라크루즈(opera cruise), 판촉크루즈(sales promotion cruise), 상품발표회크루즈(product launching cruise) 등 특별한 주제로 운영되는 크루즈로 유럽과 일본 등에서 시행되고 있다.

제2절 크루즈선의 개념

선박의 일반적 개념은 해상에서 사람 또는 화물을 싣고 공간적 이동을 수행하기 위해 부양성 · 적재성 · 이동성의 3요소를 동시에 갖춘 구조물을 말한다.

법규상의 개념은 상법 제7조에 의해 상행위, 기타 영리를 목적으로 항해에 사용하는 선박으로 규정하며 상행위를 하지 않더라도 국 · 공유 이외의 선박으로 항해에 사용하는 한 상법상의 선박으로 간주한다. 유람선(크루즈선)도 상법상의 선박에 해당된다.

관광유람의 목적으로 사용되는 여객선을 일반적으로 지칭하며 명승지가 많은 강, 호수, 만, 연안을 항해하는 선박으로 초기에는 소형 선박이 주로 이용되었다. 초기에는 선체가 조악하고 설비가 빈약한 것이 많아 승객사고가 자주 일어났으나 최근에는 면모를 일신하여 좌석도 많고, 해상안전시설을 모두 갖춘 경쾌하고 안전한 호화선이 크루즈선으로 이용되고 있다.

크루즈선의 개념을 종합하면 숙박과 오락 및 여가활동을 할 수 있고, 장거리의 여행도 가능한 시설을 갖춘 선박을 지칭한다. 따라서 크루즈관광의 개념은 최소한 2,000톤 이상의 선박에 리조트수준의 휴양시설을 갖추어 운항하거나, 카지노시설을 설치할 경우 2만 톤 이상의 크루즈선박에 관광객을 싣고 연안의 항구나 국가 간 기항지 여행을 실시하면서 운항하는 선박에 의한 관광여행이라고 정의할 수 있다.

1. 크루즈여행의 분류

크루즈여행은 선박의 규모나 여행지, 여행거리에 따라 가격이 달라지므로 일반적으로 선박, 거리, 가격에 따라 분류할 수 있다. 이러한 관점에서 크루즈여행을 분류하면 4가지로 나눌 수 있다.

1) 대중 크루즈(Volume Cruises)

대중 크루즈는 대중시장 크루즈라고 불리는데, 대략 모든 크루즈 수익의 약 60%를 차지하며 이런 크루즈에는 3가지 종류가 있다. 2~5일 일정의 단기 크루즈, 7일 일정의 일반 크루즈, 9~14일 일정의 장기 크루즈가 있다. 대중 크루즈에는 여행비의 지불방식에 따라 할부 크루즈와 보통 크루즈가 있다. 숙박시설 및 서비스는 일반 호텔급이고, 대중 크루즈의 노선은 짧은 여행경로에 중점을 둔다. 돌아오는 것은 새로운 승객들의 탑승횟수와 관련 있다. 빨리 돌아온다는 것은 더 짧은 기간에 더 많은 승객을 태울 수 있고 더 많은 이익을 창출한다는 것을 의미한다. 카니발 크루즈, 로열 캐리비안, 프린세스 크루즈, 홀랜드 아메리카 크루즈는 성공적인 대중시장 크루즈선사들의 예이다.

2) 고급 크루즈(Premium Cruises)

고급 크루즈는 크루즈사업에서 2번째로 큰 비중을 차지하고 있으며 전체수익 중 약 30%를 차지한다. 고급 크루즈에는 1주일 항해부터 2주~3개월 일정의 장기항해까지 있다. 전형적인 고급 크루즈는 1급 리조트호텔과 동등한 숙식, 오락 및 서비스를 제공한다. 대표적인 고급 크루즈 회사들로는 로열 바이킹 크루즈사와 큐나드 크루즈선사가 있다.

3) 호화 크루즈(Luxury Cruises)

호화 크루즈는 크루즈시장의 약 6%를 차지하며, 이는 고상하고 안락한 높은 수준의 서비스를 제공하고 크루즈 중 가장 비싼 종류이다. 호화 크루즈는 호화 정기선들과 관련된다. 대중시장 크루즈들이 빨리 돌아옴에 역점을 두는 데 반하여 이들은 긴 여행일정과 이국적인 대상지들을 강조한다. 예를 들어, 겨우 212명을 태울 수 있는 씨번프라이드호는 뉴욕을 출발하여 유럽, 서아프리카, 카리브해, 남미까지를 하나의 여행일정에 포함한다. 보통의 호화 크루즈 정기선들은 이 항해를 마치는 데 6개월에서 1년까지 걸린다.

4) 특수목적형 크루즈(Specialty Cruises)

특수목적형 크루즈는 고래구경, 스쿠버다이빙, 고고학, 생물학연구 목적의 크루즈를 포함한다. 이 크루즈는 전체 크루즈시장의 4%를 차지한다. 이런 크루즈선박들은 기본음식과 주류만을 제공하도록 설비되어 있다. 이런 종류의 크루즈산업은 고학력층의 독신자들과 자녀가 없는 부부들에게 특히 인기가 많다. 안트락시아, 아마존강, 알류산열도는 특수목적형 크루즈여행의 대표적인 목적지들이다.

2. 크루즈사업의 발전요인

1960년대 초 제트항공기의 본격적인 도입과 함께 1970년대 보잉사의 대형 여객기의 출현은 산업혁명 이후 장거리여행의 총아였던 선박여행 발전의 걸림돌로 작용하였고, 이의 자구책으로 계절휴가 여행 때 부분적으로 유람선이 운영되었다. 특히 카리브와 지중해는 일조시수가 적어 향일성(sunlust)을 추구하는 북유럽 공업국 국민들의 태양숭배론자들에게 좋은 반응을 일으켰다. 이러한 시대적 환경의 변화와 함께 이들을 충족시킬 수 있는 크루즈산업이 본격적으로 발전하게 된 주요 요인은 다음과 같다.

① 새로운 상품개발에 의한 적극적인 고객유치로 이용대중화 실현
② 크루즈여행 일수의 다양화
③ 포괄 여행상품으로의 판매
④ 쾌적성, 안락성 향상을 도모한 선박건조기술의 발달
⑤ 고객욕구만족도 제고를 위한 시설 확대
⑥ 계절에 맞추어 세계 각국의 유명관광지를 순항하는 부정기적인 유람선의 운영으로 가동률을 높여 채산성을 크게 제고시키는 한편, 이용의 변화를 도모
⑦ 특별한 목적이나 주제별 크루즈여행의 생산

제3절 크루즈사업의 분류

1. 장소에 의한 분류

① 내륙 크루즈: 내륙의 호수와 대규모 하천을 이용하여 운항하는 크루즈
② 해양 크루즈: 바다를 이용하여 주요 관광목적지를 순항하는 크루즈

2. 활동범위에 의한 분류

① 국내 크루즈: 해양법상 국내영해만을 운항하는 크루즈
② 국제 크루즈: 자국 내 또는 외국의 항구를 순회 유람하는 크루즈

3. 운항 유형에 의한 분류

1) 항만 크루즈(Harbor Cruise or Bay Cruise)

주요 항구를 중심으로 그 주변에서 행해지는 크루즈로 미국 및 영국, 프랑스, 독일 등에서 가장 성행하는 크루즈사업이다. 이들 유람선은 대개 좌석수가 50~100개 정도에 해당하는 소형 선박으로 한두 시간 안팎의 항해를 한다. 이러한 형태의 사업은 개인이 영업하는 소형 선박으로 운영하는 경우가 많다.

2) 섬 크루즈(Island Cruise)

정기적인 일정에 의해 운영되므로 당일이나 1박 2일 또는 그 이상의 일정을 자유로이 선택하여 여행할 수 있다. 경관이 아름다운 섬들을 순회하며 섬에 있는 호텔에서 숙식을 하고, 해변 일주, 수상스키, 낚시 등을 즐길 수 있다.

3) 파티 크루즈(Party Cruise)

일종의 전세선박으로 각 단체의 요구사항에 따라 다양하게 운영되며 소형 선박은 50~70명, 중형 선박은 100~150명, 대형인 경우에는 500~600명 이상의 인원까지 탑승할 수 있다.

요금은 일일 항해하는 단체를 기준으로 일괄요금 형태로 계산하는데 운항코스 및 서비스 내용에 따라 그 가격책정이 다양하다.

파티 크루즈의 프로그램은 식사(뷔페 혹은 착석정식, 칵테일 및 오드볼), 댄스, 생음악, 각종 유희 등으로 꾸며진다. 파티 크루즈의 주 이용객은 기업체로서 회사 선전이나 행사에 활용하며 개인의 경우 생일, 졸업, 결혼 등의 축하연에 활용하고 있다.

4) 레스토랑 크루즈(Restaurant Cruise)

점심 또는 저녁식사를 주로 함께하는 가족, 친구 등과 만남의 시간을 마련하는 것으로 음악, 영화 등이 곁들여진다. 파티 크루즈와 유사하나 단체 등에 의한 전세형식이 아니라 크루즈가 계획한 항로, 서비스 등에 따라 개인적으로 입장권을 구입하는 점이 다르다. 실제 운영에 있어서는 하나의 크루즈가 파티 크루즈와 레스토랑 크루즈를 겸용하는 것이 일반적이다.

5) 연안 크루즈(Coastal Cruise)

대형 선박을 보유한 유람관광회사에서 운영하고 있으며 선상쇼핑, 각종 파티의 매력 등으로 이용객이 많아 미국 및 유럽 전역과 중남미 등의 선진국에서 상당히 호황을 누리고 있다. 주된 매력으로 빙하, 유빙, 자연생태와 내륙 및 해안선 등의 경관감상 등을 들 수 있다.

6) 외항 크루즈(Ocean Cruise)

대서양과 같은 대양을 건너는 외항 여객선이 오랜 항해기간의 무료함을 달래기 위해 마련한 오락시설과 행사, 이벤트 등이 발전하여 선상활동과 중간 기항지의 풍물 관광을

표 1-13 | 세계의 지역별 주요 크루즈선사

Area	Major Cruise Line
North Cape/Scandinavia	Royal Viking Line Cunard
South Pacific	Royal Cruise Line Royal Viking Line
East Asia	Pearl Cruise Royal Cruise Line Royal Viking Line
U. S Atlantic Coast	American Cruise Line Clipper Cruise Line
Nile River	Sheraton Corporation Marriott Nile Cruises
Rhine River	KD German Rhine Line
Amazon River	Society Expeditions
Mississippi River	Delta Steamboat Company
Around the World	Royal Viking Line Carnival Cruise Line

자료 : 김천중(1999), 『크루즈사업론』

주목적으로 운항하는 관광 크루즈선이다. 세계적인 호화 크루즈선들은 모두 이 유형에 속한다.

<표 1-13>은 세계의 주요 크루즈 여행지와 크루즈회사의 현황을 보여준다. 대부분의 크루즈여행이 해양에서 이루어지고 있으나, 라인강이나 나일강, 아마존강이나 미시시피강 등 유역면적이 크고, 유량이 풍부하며, 장거리여행이 가능한 지역에서도 크루즈여행과 크루즈사업자의 활동이 활발하다.

제4절 기타 해상여행의 형태

1. 페리선 여행

크루즈여행과 동일한 등급은 아닐지라도 페리선은 매년 수천만의 승객을 운송한다. 세계의 많은 지역에서 이동의 유일한 수단이 페리선인 경우도 많다. 여행사는 왜 이러한 서비스를 그들의 상품라인에 넣지 않는가?

페리는 크루즈와 몇 가지 점에서 크게 다르다. 크루즈는 휴가를 위해 이용되고 페리는 운송수단으로 이용된다. 세계적으로 페리선은 사람과 함께 짐, 자동차, 가축 등을 운반한다. 페리선은 작은 크루즈선의 규모에서부터 보트만한 크기까지 크기와 시설에 따라 등급의 차이가 있다.

대부분의 페리선은 인근 해안에서 이루어진다. 그러나 어떤 페리선의 경우에는 밤을 새워 운항하며 승객들은 웃돈을 주고 숙박시설을 구입할 수 있다. 미국 여행자가 주로 이용하는 어떤 페리선은 영국의 잉글랜드에서 미대륙, 영국에서 아일랜드까지 운항하기도 한다.

페리선의 운항정보는 여행사에서 이용할 수 있는데, 다음 세 종류의 자료가 가장 많이 이용된다. 토마스 쿡 여행사의 대륙여행 시각표(Cook's Continental Timetable)는 유럽과 러시아 서부에서 운영되는 페리에 대한 정보와 스케줄을 담고 있다. 토마스 쿡 여행사의 해외여행 시각표(Cook's Overseas Timetable)는 위의 지역 외에 세계 여러 지역에 관한 정보를 담고 있다. ABC 선박운항안내서(ABC Shipping Guide)와 OAG 항공 · 크루즈 · 선박 운항안내서(Official Airline Guide Worldwide Cruise & Shipline Guide)는 세계의 페리 스케줄과 지도를 포함하고 있다.

유럽인들은 페리티켓을 포함한 모든 것을 일괄 예약한다. 많은 페리가 미국에서 예약되고 지불되기 때문에 고객이 줄서지 않아도 되는 이러한 서비스를 고객에게 제공하는 것도 좋은 것이다. 페리회사 중 여행사에 커미션을 제공하는 곳도 있다.

2. 화물선 여행

세계적으로 선박은 화물을 운반하는 주요 기능을 담당한다. 이러한 선박들은 때때로 항해하는 동안 특별히 승객을 운송하기도 한다. 많은 승객들에게 화물운송선은 구식배, 불쾌한 선원, 불편한 기항항을 상상하게 한다. 그러나 오늘날의 화물운송선은 안전장치, 에어컨, 최신식의 안락한 숙소가 있고, 간소한 요리를 즐기며, 선원들과의 흥미 있는 대화도 나눌 수 있는 현대식 선박이다.

화물운송선에 의한 여행은 승객이 여행형태를 준비하기 위해 걸린 시간만큼 즐거울 수 있다. 대부분의 크루즈선에서 제공되는 오락은 이 화물운송선에는 없다.

무거운 짐을 실은 배는 유유히 항해한다. 물론 이것은 배멀리 예방에 도움을 준다. 화물운송선에는 의사가 없다. 이러한 이유로 많은 화물운송선 회사들은 일정 나이 이상의 승객을 받지 않으며 승객들에게 건강진단서를 요구한다.

그림 1-2 | 포드 프레이터 여행안내서

화물선에서는 승객보다 화물이 우선이라는 사실을 받아들여야 한다. 기항항은 적고 멀리 떨어져 있으며 승객의 복지를 위한 계획이 없다. 화물운송선 여행은 60일 항해 동안 3~4개의 기항항만을 방문한다. 화물운송선은 계획된 스케줄대로 운항하나, 상황과 상태에 의해 기항항의 스케줄과 도착시간이 변경될 수 있다.

포드 프레이터 여행안내서(Ford's Freighter Travel Guide)는 이러한 형태의 운송수단에 관심 있는 여행사나 승객에게 좋은 정보원이다.

화물운송선은 승객용 선실이 거의 없기 때문에 월 기준 또는 연 기준으로 선실의 예약을 받는다. 대부분의 화물운송선은 여행사에 커미션을 지불하지 않으므로 여행사에서는 고객에게 그 비용을 부과하기도 한다.

화물운송선이 누구에게나 적합한 것은 아니지만 시간 여유가 충분하거나, 여유로운 여행을 즐길 준비가 되어 있는 사람, 계획되지 않은 스케줄을 가진 고객에게는 의외로 즐겁고 로맨틱한 여행의 기회가 되기도 한다.

제5절 크루즈사업의 역사

1. 선박의 발전과 해상운송사업의 등장

BC 3000년경 이집트인이 항해술을 발견한 이래 선박이 인류 역사에 기여한 공로는 지대하다. 그리스인과 로마인 등 바다와 인접해서 생활해 오던 민족들은 한결같이 선박 건조기술의 발전과 항해술 및 속도의 향상에 진력하였으나, 당시에는 선상에서 승객들의 안락함에는 거의 신경을 쓰지 않았다. 당시의 선박들은 주로 무역과 전쟁을 위한 수단으로 이용되었고, 승객의 운송목적으로는 이용되지 않았기 때문이다.

기원후 2세기에 이르자 컴퍼스(Compass)와 항해도(Navigation Chart)의 개발에 힘입어 보다 먼 대양으로의 항해가 이루어지게 되었고, 방향타의 발견으로 조종이 한결 쉬워졌으며, 보다 튼튼하고 무거운 선박의 건조가 가능해지게 되었다. 1400년대 전후와 1800년대 후반기 사이에는 선박 디자인 면에서 꾸준한 발전을 이룩하여 왔고, 이 기간 동안 항로는 끊임없이 확대되었다. 무역거래가 선박회사의 주된 관심사가 되었으며, 승객운송의 중요성도 인식되기 시작한 시기였다.

그러던 중 1818년 최초로 미국의 블랭크 볼(Blank Ball Line)사에서는 대서양을 항해하는 정기여객선을 취항하기에 이르렀다. 외국과 육로가 연결되어 있지 않은 섬나라의 경우 해외여행이나 내방객은 항공기나 선박을 이용할 수밖에 없었는데, 당시에는 항공운송의 발달이 미비하여 해외여행에 있어 선박은 유일한 운송수단이었다.

표 1-14 | 선박의 발전사

1300	북유럽 조선기술자에 의해 방향타 개발됨
1450	지중해의 조선기술자에 의해 최초로 완전한 장비를 갖춘 선박이 개발됨
1785	미국행 무역선 메이플라워(Mayfolwer)호의 진수
1802	미국인 존 피치(J. Fitch)에 의해 최초의 증기기선 건조
1807	세계 최초의 예인선(tugboat) 건조
1819	로버트 풀턴(R. Fulton)에 의해 건조된 상업용 증기기선 클러먼트(Clermont)호 진수
1821	스웨덴 최초 크루즈선 진수
1824	아일랜드의 큐라카오(Curacao)호 최초로 정기여객서비스 실시
1836	미국 사바나(Savannah)호가 최초로 증기기관을 이용하여 29일간 대서양 횡단에 성공
1838	최초의 증기선 그레이트 웨스턴호 건조
1840	세계 최초로 프로펠러식 증기기선 등장
1871	커나드 라인(Cunard Line)이 대서양 횡단 정규노선에 증기기선을 투입, 항해 화이트 스타 라인(White Star Line)이 호화로운 오셔닉(Oceanic)호를 진수
1910	최초로 발동기선 발명
1912	화이트 스타 라인의 호화 유람선 타이타닉(Titanic)호 침몰
1934	퀸메리(Queen Mary)호 출항
1938	퀸엘리자베스 1(Queen Elizabeth-Ⅰ)호 출항
1959	세계 최초로 미국 원자력상선 사바나(Savannah)호 진수
1961	마르디그라스(The Mardi Gras)호 진수
1969	영국의 호화 크루즈관광선 퀸엘리자베스 2(Queen Elizabeth-Ⅱ)호 출항
2009	세계 최대 크루즈선 오아시스(Oasis of the Seas)호 진수, 22만 톤
2010	세계 최대 크루즈선 얼루어(Allure of the Seas)호 진수, 22만 톤

해상운송 서비스를 승객과 화주에게 제공하고 그 대가를 받는 것을 목적으로 하는 해운업의 근본은 화물운송이 본업이었으며, 여객운송은 19세기 초 증기기관의 발명으로, 범선이 동력선으로 발전하면서 그 부산물로 발생한 것이다. 이처럼 증기기관의 발달이 선박에 응용되자 선박 제조기술은 급속하게 진전되었고, 그 후에도 기술적 진보에 따른 개량이 계속 이루어져 운송력의 눈부신 향상을 가져왔다. 19세기 초 대서양 연안

각국의 선박회사들은 객선 내부의 설비개선과 속도향상 그리고 서비스수준 제고 등을 통한 격렬한 경쟁관계에 돌입하게 되었다. 20세기 들어 선박운송사업의 발달로 선박을 이용한 국제여행이 증가하고 있는 추세이다.

2. 크루즈사업의 발전과정

1) 대서양 횡단 선박여행

현대의 선박여행 개념이 형성되기 시작한 것은 19세기이며, 당시 여객용 상선은 교통운송의 주요 수단이었고, 주로 유럽과 미국 사이의 구간을 운항하거나 유럽과 아시아·아프리카에 널리 퍼져 있는 유럽의 식민지 사이의 구간을 운항하였다. 아울러 당시 선박회사들이 상선을 이용해 여객운송에 관심을 가지기 시작하면서 부유층의 탐험여행과 저소득층의 이주여행에 선박이 활용되기 시작했다. 1821년 스웨덴의 찰스 4세는 최초로 크루즈선박을 출항시켰고, 1824년 아일랜드의 큐라카오(Curacao)호는 정기여객 서비스를 제공한 최초의 선박이다.

1934년 영국은 유명한 대서양 정기여객선 퀸메리호를 출항시켰다. 이 크루즈선은 2천 명 이상의 승객을 담당할 수 있는 천백 명의 승무원들과 함께 승객들에게 가능한 모든 실질적인 편의시설, 안전시설, 오락시설을 제공했다.

1938년 퀸메리호는 블루 리밴드상(연간 대서양을 최단기간 내에 횡단한 선박에게 주는 상)을 수상하였다. 퀸메리호의 승객들은 트렁크 20개까지 짐을 실을 수 있었다. 여객의 1/4은 접객원들, 웨이터, 바텐더와 기타 종사원들로 구성되었다. 각 항해마다 퀸메리호는 위스키 2천5백 병, 와인 3천 병, 생수 4만 8천 병, 소 75마리, 양 110마리, 연어 500파운드, 굴 4천 개, 닭 5천 마리, 계란 7만 개, 감자 2천5백 개, 잼, 아이스크림 2천 갤런, 여송연 1만 5천 갑, 궐연 1백만 갑을 선적하고 항해하였다. 영화스타, 재산가, 오페라가수, 정부관료들도 승객에 포함되었다.

이외에 초기 크루즈시대의 대형 정기선에는 머리타니아호, 유로파호, 노르망디호가 있었다. 이런 거대한 정기선들은 공통적으로 거함(the big ship)이라 불렸다.

2차 세계대전 시 퀸메리호와 퀸엘리자베스호는 영국군 수송에도 이용되었다. 퀸메리호는 천 명의 승무원뿐 아니라 1만 5천 명의 병력도 운송했다. 거함은 2차 세계대전 이후 1960년대까지 번성했고, 1962년 프랑스(The France)호가 진수되었다. 1967년 퀸엘리자베스 2호가 진수되었고, 1969년 처녀항해를 하였다. 이 크루즈선은 1938년에 진수되어 1972년에 홍콩 정박 중 불타버린 퀸엘리자베스호를 대체하였다. 퀸엘리자베스 2호는 전 세계로 승객을 싣고 운항하였고, 봄부터 12월까지 대서양을 횡단하는 정기노선을 운항하였다. 거함의 주요사업은 대서양 횡단 여객운송이었는데 많은 여객선들이 대서양 노선 수입을 보충하기 위해 겨울철 미국의 동부 해안에서 카리브해 지역까지 항해하였다.

1958년 최초의 대서양 횡단 제트여객기사업은 거함우세 시대의 종말을 가져왔다. 1970년까지 여객선운항업은 관심 밖의 대상이 될 정도로 점점 축소되어 갔다. 1972년 카니발 크루즈사의 조사에서는 미국인의 2%만이 여객선을 탄 것으로 나타났다. 수요 감소와 연료비 상승은 많은 크루즈업체의 경영축소를 촉진했으며, 이 과정에서 많은 조선업체들이 도산했다.

표 1-15 | 대서양 정기선

선명	약사
퀸메리호	• 1934년 진수 • 81,235GT • 길이 1,020feet • 2차 세계대전 시 군 수송 • 1947～1967년 대서양 정기노선 서비스 • 현재 캐나다 롱비치에 정박 중
퀸엘리자베스1호	• 1938년 진수 • 83,670GT • 길이 1,031feet • 2차 세계대전 시 군 수송 • 1946년 대서양 정기사업 실시 • 1972년 홍콩에서 화재로 소실
퀸엘리자베스2호	• 1967년 건조 • 1969년 처녀항해 • 68,863GT • 길이 963feet • 세계일주 크루즈와 대서양 횡단 • 두바이 선상호텔로 정박 예정

그림 1-3 | 퀸메리호

시어도어 애리슨(Theodore Arison)은 카니발 크루즈사를 설립했다. 애리슨의 최초의 배인 마르디그라스호는 1961년 캐나다에서 증기선으로 만들어졌다. 이 선박은 카리브해 지역의 비교적 짧은 여행에 이용되었다. 마르디그라스호는 1930년대의 거함처럼 여객선으로 고안되었다. 그리고 앞서 있던 크루즈선박들에 어울릴 만한 카지노, 극장, 넓은 식당들이 배에 설치되었다. 식당 라운지에서 실황공연을 해줄 연주자도 고용되었다. 새롭게 단장된 마르디그라스호는 아주 성공적이었다. 성공의 주된 이유는 크루즈 고객의 초점을 이국 지향적인 부유층 중심에서 다양한 선상휴가를 즐기려는 근로자층으로 변화시켰기 때문이다. 카니발선사는 또한 항공사들과 요금할인 협상을 하였고, 이것은 크루즈여객의 확산에 중요한 계기가 되었다.

대서양에 제트여객기가 상용화되기 이전까지 대서양 횡단은 주로 선박여행으로 이루어졌으며, 19세기 말에서 20세기 초에 걸친 해양여행은 주로 이민을 목적으로 유럽과 아메리카대륙 사이, 또는 유럽과 호주·뉴질랜드를 여행하는 이주민들에 의해 행해졌다. 따라서 선박여행의 낭만이 있을 리 없었고, 길고 긴 바다를 중간 기항지 없이 횡단하는 지루한 여행시간을 보내야 했으며, 선박이란 단지 여행목적지까지 이동시켜 줄 운송수단으로 간주되었다.

유럽에서 북미로의 선박여행에서 소수의 특정계층만이 여객선의 1등급을 이용하여 편안한 여행을 즐길 수 있었으며, 나머지 대부분의 승객은 2등급 또는 3등급으로 여행하였다. 이들은 4인 1실, 6인 1실, 심지어 더 많은 사람이 함께 사용하는 공동실에서 숙박하고, 공용화장실과 공중욕실을 사용하며, 여행의 고통을 인내해야만 했다. 특히 겨울철 북대서양의 격랑은 선박의 흔들림을 만들어 여행자들에게 멀미와 해양여행에 대한

두려움을 갖게 하였다.

1900년대 들어 나타난 해양정기여객선(海洋定期旅客船: ocean liner)은 과거의 여객운송선박과 달리 웅장한 외부 모습과 화려한 내부 인테리어를 갖추고, 부유층의 여행보다는 주로 이민자 수송에 이용되었다. 이때의 해양여객선은 일반적으로 2등급 또는 3등급으로 나누어져 있었으며, 1등급(first class)은 부유계층, 2등급(second class)은 여행경비 조달이 비교적 용이한 상위 중간계층이 이용했고, 대부분의 승객이 속해 있던 3등급(third class: steerage)은 서민계층이 이용하였다. 1등급은 음악연주와 함께 우아한 분위기에서 식사를 즐기며, 호텔객실과 유사한 호화스러운 선내객실을 사용하였다.

또한 1900년대 초 선박의 특징 중 하나는 선박의 굴뚝(smokestack 또는 funnel)을 많이 설치해 이주자들에게 좋은 선박이라는 인식을 심어주는 것이었다. 이들은 굴뚝의 수가 많을수록 훌륭한 선박이라고 믿었으며, 이 때문에 선박회사는 용도와 관계없는 장식용 굴뚝을 추가하기도 했는데 타이타닉호가 그 좋은 예라고 할 수 있다.

그림 1-4 | 타이타닉호

2) 서구 열강의 해양선박 경쟁

선박여행이 대서양 횡단 중심이던 시기에 선박운항의 주도권을 지닌 국가는 영국, 독일, 미국, 프랑스, 이탈리아 등이었으며, 이들은 선박을 통해 국가의 경쟁력을 나타내려하였다. 당시 선박을 통한 해양장악의 경쟁으로 인해 지금도 미국과 일부 유럽 국가들이 크루즈산업의 중요한 자리를 차지하고 있다.

전통적으로 해양강국인 영국은 일찍부터 대서양 횡단 운항의 여객서비스를 시작하면서 선박의 속도와 안전성에 치중하였다. 영국과 경쟁하던 독일은 확장주의정책에 따라 1800년대 말부터 고속 선박을 제작하여 1903년에는 대서양을 가장 빨리 횡단할 수 있는 4척의 선박을 보유하게 된다. 당시 이 선박들은 2만 톤급 이하에 승객 2천 명을 수용하는 비교적 중소규모였으나 23노트의 빠른 속도를 자랑하였다.

1922년 아메리칸 익스프레스(American Express)는 1차 세계대전 이후 크루즈여행을 다시 시작하기 위해 커나드 라인의 라코니아(Laconia)호를 용선하였으며, 당시 완공된 파나마운하를 이용해 최초의 '세계일주크루즈'를 성공적으로 시행하였다. 이 크루즈여행은 1922년 11월 21일 뉴욕을 출항해 4개월여에 걸쳐 22개의 기항지를 방문한 후 1923년 3월 30일 뉴욕으로 귀환하였다.

1939년에서 1946년까지는 2차 세계대전의 영향으로 대서양과 태평양을 항해하는 주체가 관광객과 상용여행객에서 군인으로 바뀌게 되었으며, 민간부문의 해상교통은 위축되었다. 그러나 2차 세계대전 발발로 대서양과 태평양을 횡단 수송할 수 있는 엔진의 개발과 레이더 및 장거리 무선통신기술로 인한 정밀한 항법기술의 등장으로 혁신적인 항공발전이 가능해졌다.

2차 세계대전 중 전쟁에 사용할 목적으로 항공기술이 급속히 발전하면서 선사(船社)들도 전쟁 발발 이전의 대형 선박을 군수송 목적으로 개조하여 사용하게 되었고, 선주(船主)들은 전쟁으로 인해 통제된 여행의 욕구가 전쟁이 종결된 후 수요가 폭증할 것을 확신하며 새로운 시장을 기다리고 있었다.

항공기술은 1958년 보잉 707 제트여객기가 대서양을 논스톱으로 6시간 만에 횡단할 수 있을 정도로 급속히 발전하였다. 이는 제트여객기를 이용한 운송과 이코노미요금을 소개하게 된 계기가 되었고, 선박을 이용한 대서양 횡단여행의 쇠퇴를 의미하기도 했다.

이로써 항공여행보다 상대적으로 지루한 선박여행은 대서양 횡단에서 쇠퇴하는 계기가 되었다. 프랑스(SS France)호가 대서양 횡단을 목적으로 1962년에 건조되었으나, 이 당시만 해도 선박을 이용한 대서양 횡단여행은 1957년에 비해 50%가량 급속도로 감소한 상태였다. 제트여객기의 대서양 운항 이후 대형 선박의 대서양 횡단은 여행객의 실용적인 목적에 부합되지 않아 점차 자취를 감추게 되었다.

그림 1-5 | 프랑스호(1960년)

3) 북대서양 여객운송의 쇠퇴

제트여객기의 발달은 산업을 발전시키고, 상용여행객의 세계여행을 편리하게 만들었으며, 이들이 제트여객기를 선호한 이유는 속도였다. 따라서 속도측면에서 상대적으로 열세에 처한 크루즈선박은 새로운 활로를 찾아야 했으며, 선박만의 장점을 내세운 새로운 여행의 개념을 제시해야 했다. 즉, 운송중심 개념의 여객선에서 선상엔터테인먼트, 다양한 식사메뉴, 매력적인 기항지 등을 내세운 크루즈중심 개념의 도입이 시작된 것이다.

항공기의 발달과 제트여객운송의 상용화는 대양여객선의 몰락을 불러왔으나, 반대로 이 때문에 현대의 크루즈 개념이 도입되는 계기가 되었다. 이제 선박은 속도로 경쟁력을 확보할 필요가 없게 되었고, 그 대신에 호화로운 선내시설, 다양한 선상활동 및 매력적인 기항지 방문 등을 새로운 장점으로 내세우게 되었다.

따라서 대양여객선은 크루즈용 선박으로 개조되었다. 각 등급을 구분하는 칸막이가 제거되었으며, 에어컨과 수영장이 설치되었고, 카지노와 무도장이 개장되어 여객운송이 목적이 아니고 즐거움이 목적인 크루즈산업이 형성되기 시작했다.

크루즈가 지중해와 카리브해 중심으로 운항되면서 과거에 성행했던 80일 또는 120일간의 상품은 판매가 어려워지게 되었다. 또한 1950년대와 1960년대 서구에서는 가족부양과 주택구매로 여가활동에 대한 가처분소득이 제한되었으며, 여가시간도 충분치 않아 고가의 장기 크루즈는 현실적으로 매력이 없는 상품이 되었다. 따라서 크루즈업계는 새로운 마케팅전략을 필요로 하게 되었고, 다수의 대중을 표적으로 하는 단기간의 크루즈여행상품이 되었다.

4) 현대 크루즈의 탄생

1960년대 초만 하더라도 여객운송선 목록에는 100개 이상의 여객선사가 있었으며, 1960년대 중반에도 선박을 이용한 대서양 횡단여행이 항공여행보다 저렴했으나 1970년대에 소개된 보잉사의 점보제트기로 선박의 경쟁력은 완전히 상실되었다. 1962년 100만 명 이상이 선박을 이용해 북대서양 구간을 여행했으나, 1970년에는 선박여행 수요가 점점 줄어 25만 명으로 감소되었다.

점보제트기를 이용한 여객운송의 대중화로 대부분의 대양여객선은 무용지물이 되었고, 수익성도 크게 떨어져 운항이 어려워졌다. 북대서양의 정기 여객운송서비스를 제공하던 선박들이 위험에 처하게 되어 커나드 화이트 스타 라인의 퀸 메리(81,235톤)는 1967년 9월 운항을 중단하게 되었고, 퀸엘리자베스(83,670톤)호도 1968년 10월을 끝으로 운항을 중단하게 되었다.

따라서 대부분의 선박은 낮은 가격에 판매되거나 운송사업에서 철수하게 되었으며, 선박 여객운송을 계속하게 된 회사는 북대서양 횡단과 함께 생존을 위해 남쪽의 카리브해에 운항을 확장하게 되었다. 이로 인해 새로운 형태의 사업으로 지금의 '크루즈' 개념이 형성되었고, 크루즈만을 위한 새로운 선사와 함께 크루즈산업이 형성되기 시작했다.

카리브해를 중심으로 한 크루즈산업이 형성되면서 대양여객선박의 중심항구가 과거 북대서양 횡단여행시대의 뉴욕 중심에서 플로리다 중심으로 전환되어 선박회사의 본사가 마이애미를 중심으로 한 지역에 들어서게 된다. 플로리다는 당시 크루즈사업에 중요한 따뜻한 날씨, 비교적 평온한 바다, 카리브해 유명 관광지와의 접근성 등으로 인해 새로운 산업을 형성시키는 데 매우 적합한 지역으로 선택되었다. 아울러 북미 서부지역에서는 캘리포니아를 중심으로 멕시코해안 크루즈와 캐나다 밴쿠버를 중심으로 여름

그림 1-6 | 바다의 황제호

알래스카 크루즈가 형성되기 시작하였으며, 유럽에서는 지중해 중심의 크루즈가 형성되었다.

또한 크루즈승객들은 승선을 위해 플로리다와 캘리포니아로 이동해야 하는 문제가 발생되었고, 이는 크루즈선사와 항공사 간의 업무협조를 통해 항공/해양(Air/Sea) 프로그램과 승선 전 · 하선 후 숙박을 포함하는 크루즈패키지 프로그램을 탄생시키게 된다.

1988년 로열 캐리비안 크루즈 여행사는 7만 4천 톤급의 바다의 황제(Sovereign of the Seas)호를 출항시켰다. 극장 2곳, 전망엘리베이터가 설치된 거대한 중앙 홀이 있는 이 크루즈선은 자유의 여신상만한 크기로 '떠다니는 백화점'이라고 표현되었다. 여러 가지 면에서 바다의 황제호는 크루즈여행의 개념이 여가를 즐기는 항해에서 분화되어 자급자족의 완벽한 휴가의 형태로 변모되는 것을 상징하였다.

3. 세계 크루즈산업의 현황

세계 크루즈산업의 규모는 연간 190억 달러 이상이며, 이 중 주요 선사인 카니발 그룹과 로열 캐리비안 크루즈선사는 전체 크루즈산업의 75%에 달하는 점유율로 약 143억 달러의 가치를 창출하였다.

전체 크루즈 여행객은 매년 꾸준히 상승하고 있다. 1985년에는 215만 명에서 1992년 541만 명으로 약 두 배 정도 증가하였고, 2000년 961만 명으로 1,000만 명 돌파를 예고하였으며, 2004년에는 1,340만 명으로 증가하였다. 세계의 크루즈 여행객은 2004년에 약 8.4%의 증가율을 보였으며, 지역별로 북미지역이 가장 강력한 성장을 보이고 있다. 크루즈 여행객은 북미지역만 910만 명으로 이전 대비 약 11.1%의 성장률을 기록하였다. 북미시장은 걸프전, 9·11 테러 이후 성장률이 다소 둔화되긴 하였으나 매년 10% 이상의 고속성장을 꾸준히 이루고 있다. 이는 산업의 고용기회 확대에도 기여하고 있어 직접 고용인원으로 선원 5만 명과 각 도시의 사무직원 1만 2천 명 정도가 크루즈산업에 관련된 선박대리점, 소선사, 선기, 기계, 식음료 공급업체 등에서 일하고 있다. 또한 크루즈산업은 선박이 기항하는 세계 항구도시의 항공사, 철도, 내륙 운송업계, 숙박업계 및 관광지 등의 관광 관련 업계에도 많은 영향을 주고 있다.

크루즈산업은 앞으로 더욱 발전하여 2012년에는 크루즈 여객이 2,000만 명으로 증가할 것으로 예상하고 있다.

크루즈여행의 주요 항해지역으로는 바하마 인근해, 카리브해, 미국·캐나다의 서부해안, 지중해, 멕시코 인근해, 알래스카 인근해, 발트해, 남미국가의 북부해안, 동남아시아 등을 들 수 있으나 세계적으로 카리브해와 지중해가 중심권역이 되고 있는 실정이다.

최근에는 그 외에도 남태평양의 섬, 극동아시아지역, 남미국가 및 동부, 서부의 아프리카지역이 새로운 크루즈지역으로 개발되고 있다. 이러한 크루즈산업은 현재 미국, 유럽의 기업 혹은 다국적기업들에 의해 선도되고 있으며 이들의 현황은 다음과 같다.

우선 아시아지역 크루즈사업의 현황은 다음과 같다. 1980년대 말 아시아지역을 항해하는 서구의 크루즈선박이 증가하였으나, 미쓰비시중공업에 의해 건조된 크리스털 하모니(Crystal Harmony: 49,400톤)호 등 소수의 일본 선박을 제외한 대부분의 승객이 서구인

이어서 마케팅활동은 주로 서구를 중심으로 이루어졌다.

그러나 싱가포르 크루즈센터와 홍콩 오션터미널 등 입출항시설 및 각종 절차가 편리한 아시아의 국제적인 크루즈터미널을 중심으로 스타 아쿠아리스(Star Aquarius: 40,000GT)호 및 스타 피스(Star Pisces: 40,000GT)호 등 아시아지역 국가 소유의 크루즈선사가 등장하게 되었다. 이에 따라 아시아지역에서도 서구의 승객만을 타깃으로 구성된 크루즈상품이 아닌 아시아인을 위한 크루즈상품의 판매 및 각종 마케팅활동이 활발히 진행되고 있다. 또한 아시아국가 소유의 크루즈선박뿐만 아니라, 로열 캐리비안 및 씨번 크루즈 라인(Seabourn Cruise Line) 등 1994년 후반에 들어서면서 서구의 대형 선사들도 자사소유 선박으로 아시아지역의 영구적 혹은 단기적인 운항계획을 발표하였다. 이러한 동향은 서구의 크루즈선사들이 향후 가까운 시일 내에 아시아지역에 크루즈상품을 제공하기 위한 기초활동으로 이해할 수 있다.

이렇게 일본을 시작으로 아시아지역에 생성되기 시작한 크루즈선박은 아시아지역의 여행시장에 새로운 여행형태의 하나로 영향을 미칠 것으로 보이며, 우리나라에서도 주5일제의 시행으로 국민의 여가시간 증가와 함께 시장 도입기의 신상품 선도집단에 의하여 구매가 이루어질 것으로 예상된다. 그리고 홍콩과 싱가포르의 아시아지역을 중심으로 3·4·5박의 단기 크루즈상품이 성행하고 있고, 중국에서는 도박 전용선(Gambling Ship)을 만들어 운항하고 있다. 하지만 싱가포르와 우리나라는 도박 전용선의 입항을 금지하고 있다.

4. 크루즈선의 최신 건조동향

전 세계 크루즈 인구는 지속적인 성장세(6~7%)를 보이고 있으며, 2007년 기준으로 1,300만 명 정도로 예상하고 있다. 주요 크루즈 인구는 여전히 미국, 캐나다 등의 북미에 집중되어 있으며, 무려 85% 정도를 차지하고 있다. 그러나 약 95%를 차지하던 예전에 비하면 크루즈 수요의 다변화가 이루어지고 있으며, 주로 유럽, 중남미에서 그 수요의 증가세를 찾아볼 수 있다.

아시아의 경우 아직 미비한 비율을 차지하고 있으나 눈여겨보아야 할 점은 빠른 속도로 수요가 창출되고 있다는 것이다. 특히 아시아 및 한·중·일 크루즈 노선의 확대,

STX(아커 야즈사 M&A), 삼성중공업(자체기술로 2010년 크루즈선 건조계획) 등 한국 주요 조선업체의 크루즈선 건조에 대한 투자 등 전반적으로 크루즈에 대한 관심과 수요가 늘어나고 있다.

1998년 이후에 건조된 크루즈선은 크루즈 여행자들의 발코니 선실 선호에 따라 기존에 건조된 크루즈선과는 확연하게 달라진 외관을 선보이고 있다. 즉, 발코니 선실이 많아지면서 기존에 오션뷰, 내측으로 할당되었던 많은 데코들이 발코니로 디자인되면서 더욱 아름다워졌다. 또한 탑승객들의 다양한 욕구를 수용하다 보니, 인공 파도타기시설이나 아이스링크, 암벽등반시설, 보다 넓은 다이닝룸과 바 등 기타 편의시설을 구비하게 되었다.

이로 인해 크루즈선이 점차 대형화되고 있으며, 국내기업 STX가 인수한 STX유럽이 160,000톤급의 프리덤호, 리버티호, 인디펜던스호 등을 뛰어넘는 세계 최대인 220,000톤급 '얼루어호'와 자매선 '오아시스호'를 건조, 로열 캐리비안 크루즈에 인도하였다. 이 선박들은 전 세계 크루즈 수요의 50%를 차지하는 카리브해 지역에 투입되었으며, 박리다매 전략으로 최신식 시설을 보다 저렴한 가격에 이용할 수 있다. 또한 전 객실을 데크형 오션뷰로 이용할 수 있다.

그림 1-7 | 로열 캐리비안선사의 오아시스호(2009) 제원

분류 \ 구분	1. 오아시스호		
총 톤수	220,000톤	총 탑승객	5,400명
처녀운항	2010년 12월	총 승무원	2,115명
길이/너비	362m/47m	선실	2,700개
최고속도	23노트	개보수연도	-
주요시설	센트럴파크, 인공파도, 아쿠아시어터, 아이스링크 등		

그림 1-8 | 얼루어(Allure of the sea)호(2010) 제원

분류 \ 구분	2. 얼루어호		
총 톤수	220,000톤	총 탑승객	5,400명
처녀운항	2009년 12월	총 승무원	2,115명
길이/너비	362m/47m	선실	2,700개
최고속도	23노트	개보수연도	–
주요시설	센트럴파크, 아쿠아시어터, 보드워크		

5. 세계의 크루즈선 기술 발전과정

1) 구조의 변화

1800년대까지 해양무역에 쓰이던 선박은 바람의 힘을 이용하는 범선이었다. 범선은 항해 시 기상의 영향을 크게 받기 때문에 안정적이지 못했고, 선체 또한 강하지 않았다. 이러한 단점을 개선하기 위해 영국의 엔지니어 브루넬(Brunel, Sir Marc Isambard)이 1838년 최초의 증기선 그레이트 웨스턴(Great Western)을 개발하게 되었다. 그레이트 웨스턴은 이전에 만들어진 선박들과 달리 석탄을 이용한 증기동력으로 움직이는 구조로 만들어졌고, 많은 양의 석탄을 적재하기 위해 선체를 더욱 길게 제작하였다. 또한 강한 파도에 선체가 파손되지 않도록 강철로 된 뼈대를 만들어 선박의 안정감을 향상시켰다.

그림 1-9 | 그레이트 웨스턴호

2) 추진력의 혁신

프로펠러 추진방식은 아르키메데스가 BC 3세기에 개발한 나선형 추진기를 응용한 것으로, 나선형 추진기의 물을 끌어당기는 힘을 역이용하여 추진력을 얻을 수 있도록 개발한 방식이다. 이 방식은 큰 파도를 만나도 추진력을 잃어버리지 않고, 평시에도 외륜방식보다 더욱 큰 추진력을 만들어낼 수 있다. 프로펠러 추진방식은 오늘날에도 선박에 쓰이고 있는 추진방식이다.

그림 1-10 | **외륜선박의 단점**

그림 1-11 | **외륜방식과 프로펠러방식의 추진력 비교실험**

3) 아지포트

메인 엔진이 아닌 개별 모터로 작동되며, 360도 회전이 가능한 선박용 프로펠러이다. 이 장치로 선박의 방향을 조정할 수 있으며, 대형 선박이 좁은 항구에 정박할 때 꼭 필요한 장치이다.

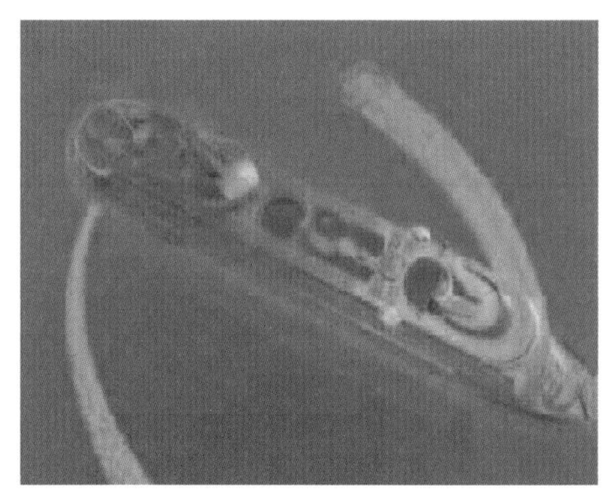

그림 1-12 | 인디펜던스 호의 아지포트 모습

4) 자이로스코프

공간에서 자유로이 회전하도록 장치된 일종의 팽이로, 고속으로 회전하며 일정한 방향을 가리키는 성질을 이용한 장치이다. 선박이 기우는 방향에 맞추어 자이로스코프를 움직이면 선체의 흔들림을 최소화할 수 있다.

그림 1-13 | 자이로스코프

5) 안정된 선체

과학자들의 연구에 의해 두 개의 파도가 서로의 최고수위점과 최저수위점이 만나면 상쇄되는 원리를 이용하여 선박이 바다를 가를 때 두 개의 파도를 만들어 서로의 힘을 상쇄시킬 수 있는 구상선수를 개발하였다. 이로 인해 물의 저항을 최소화하여 더욱 빠르고 안정된 항해를 할 수 있게 되었다.

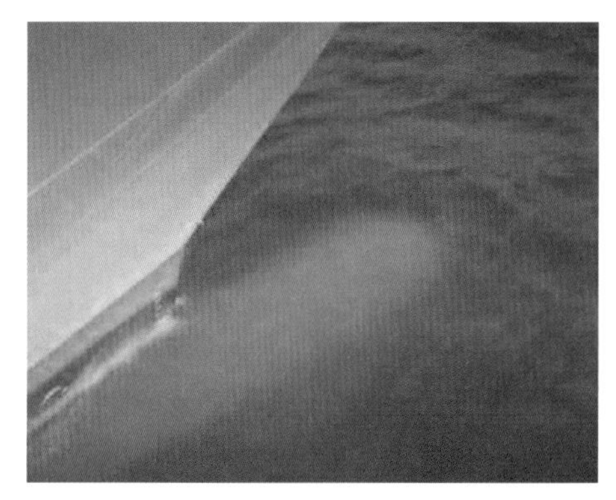

그림 1-14 | **구상선수**

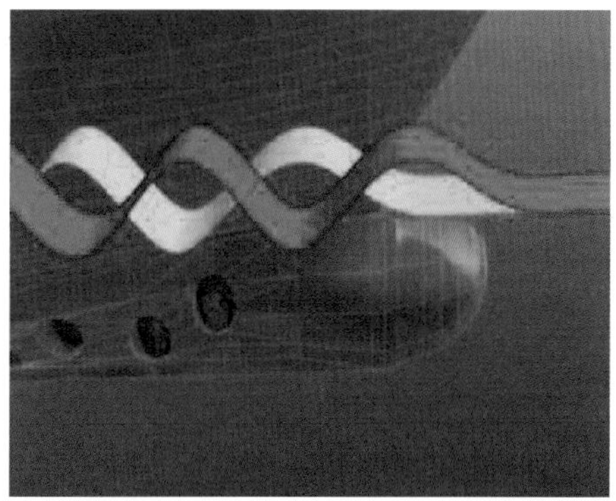

그림 1-15 | **구상선수의 원리**

CHAPTER_2

세계의 크루즈시장

CHAPTER

2 세계의 크루즈시장

제1절 크루즈사업의 국가별 규모와 선박현황

1. 세계의 크루즈 수요동향

세계 크루즈시장의 추세를 살펴보면 크루즈선사 간의 인수·합병이 가속화되고 있어 선사의 대형화를 초래하고 있고, 규모의 경제에 의한 크루즈의 과점체제화 현상이 나타나고 있다. 또한 생산성의 향상과 경쟁력 확보, 선상 매력물 확보 등의 기술적 이유로 크루즈선박이 대형화되고 있으며, 공급초과에 따른 경쟁심화로 크루즈상품의 가격하락과 시장세분화가 진행되고 있다.

크루즈상품은 출항지 지역의 거주민은 물론 출항지까지 항공을 이용해 승선할 수 있는 광역의 시장수요를 표적으로 하는 항공연계 크루즈상품(fly & cruise)이 증가하고 있다. 시장수요의 욕구변화와 수요층의 확대에 따라 기존 6~14일 이상의 장기 크루즈상품이 상대적으로 감소하고 2~5일 여정의 단기 크루즈상품이 지속적으로 증가추세를 보이고 있다. 이는 출항항과 하선항의 선박 입출항을 잦아지게 하여 타 지역 승객의 방문횟수를 증가시키는 것은 물론 지역의 경제적 이익증대에 기여하고 있다.

외국의 경우 여러 유형의 항내 크루즈선(Harbor or Bay Cruising Ship)들이 있으나 여기서는 대양 항해형 크루즈선만을 살펴보기로 하겠다.

초고속시대의 제트항공기 등장과 더불어 한때 사양사업으로 간주되던 해양 순항 크루즈사업은 최근 성장속도가 가장 빠른 동적 관광여행상품으로 각광받아 '해양여행의 혁명(Cruise Revolution)'이라 일컬을 만큼 크게 발전하여 왔다.

크루즈여행은 1980년대 이후, 근대에 와서 연령의 제한 없이 전 연령층으로 시장이 점차 확대되어 가는 추세에 있으며, 여기에 고급 저가 순항상품의 개발판매로 크루즈유람관광객의 수요는 앞으로도 계속 증가될 것으로 예상된다. 국제적으로 크루즈사업이 활발해지면서 경쟁이 차츰 심해지자 대형 유람선들이 공동전략으로 세계 관광객 시장을 대상으로 마케팅하는 경향이 있는데 노르웨이와 리베리아 선적 대형 유람선 13척의 마케팅을 맡은 로열 캐리비안 크루즈선사가 대표적이다.

전 세계적으로 크루즈선을 보유한 국가는 러시아 등 20여 개국에 이르며, 규모나 활동 면에서는 미국, 영국, 노르웨이 등을 중심으로 활발한 활동을 보이고 있다. 유로화에 대한 달러화의 가치절하에도 불구하고, 새로운 선박의 주문은 계속 증가하고 있으며, 2005년 중반에는 21척의 예약이 완료되었고, 총 가격이 90~108억 유로에 이르는 것으로 예측하고 있다.

세계적으로 잘 알려진 선발 크루즈 운항국의 톤급별 여객선 현황을 보면 1만 톤 내지 2만 톤의 선박이 48척(25.4%)으로 가장 많고 다음이 5천 톤 이하급 41척(21.7%), 2~3만 톤이 34척(18%) 순이며, 3만 톤 이상의 대형 선박도 34척, 1만 톤 미만의 선박도 73척(38.6%)이나 된다.

1990년대 초반 크루즈 수요는 440~590만 명 수준이었으나 2000년 980만 명을 기록하는 등 매우 급격한 증가율을 보이고 있으며, 전 세계 크루즈 수요는 1980년부터 2003년까지 연평균 8.1%씩 성장한 것으로 나타났다. 2004년 전 세계 크루즈 관광객 수는 1,338만 명으로 전년대비 8.5% 성장하였으며, 2005년에는 1,455만 명으로 전년대비 8.7% 증가했다.

우리나라 크루즈 입항에 영향을 미치는 일본의 크루즈 수요는 일본경제 침체로 인해 높은 증가를 보이지는 않으나, 지속적인 성장세를 유지하고 있다. 크루즈시장이 다른 아시아국가에 비해 일찍 형성되었다는 점과 크루즈선박의 자체 건조능력이 있는 점을 감안할 때 일본의 수요 성장세는 향후에도 지속될 것으로 예상된다.

1) 세계의 크루즈 시장

(1) 크루즈선사 현황

카리브 해를 중심으로 카니발 크루즈선사(100척)가 세계 최다의 보유선박으로 운항중이며, 제 2위의 로열 캐리비안선사(46척)가 최근 중국을 중심으로 아시아 시장을 활발히 공략하고 있다.

전 세계의 크루즈선은 약 300척이며 52개의 선사가 430여 개소의 기항지를 항해하고 있다.

표 2-1 | 크루즈선사 현황(2015년 기준)

선사명	브랜드	선박 수	선실 수
합 계	–	300척	483,074개
카니발(CCL)	9개	100척	218,096개
로열 캐리비안(RCL)	7개	46척	110,774개
노르웨이지언(NCL)	3개	22척	45,012개
지중해(MSC)	–	12척	31,060개
기타 33개 선사	–	120척	78,132개

자료 : Cruise Industry News, "2015–2016 State of the Industry Annual Report", 2015

표 2-2 | 세계 크루즈시장의 지역별 크루즈선

구분	선박 수	승객 수송 능력	예상 판매수익	시장 점유
전 세계	300척	2,200만 명	39조 원	–
북미	153척	1,300만 명	23조 원	59%
유럽	113척	640만 명	11조 원	29%
아시아 · 태평양	34척	260만 명	5조 원	12%

자료 : Cruise Industry News, "2015=2016 State of the Industry Annual Report", 2015

(2) 크루즈시장 규모

전 세계의 크루즈선은 북미와 유럽에서 주로 운항 중이며, 최근 아시아 시장의 성장과 함께 34척의 크루즈선박이 운항 중에 있다.

2) 아시아 크루즈 현황

(1) 크루즈선사 점유율

2015년 아시아 26개 선사가 크루즈선 34척을 운항 중이며 로열, 코스타, 스타 등 3개 선사들이 시장의 69%를 점유하고 있다.

(2) 크루즈선사 현황

코스타는 7~10만 톤급 중형 3척, 로열은 13~16만 톤급 중대형 4척, 프린세스는 중형 2척을 한·중·일 시장에 투입하고 있다.

외국 크루즈선사들은 아시아 시장에 2020년까지 10척에서 30척으로 확대하고, 2030년까지 100여 척으로 확대할 계획을 발표(2015년, 카니발선사)했다.

중국은 2016년부터 독일 크루즈 건조사 등과 협력하여 중국 문화에 맞는 호화 크루즈를 5년마다 1척씩 건조할 계획을 발표했다.

표 2-3 | 아시아 주요 크루즈선사 실적

5대 선사	13년	14년	15년 예상
합 계	138	167	200
코스타	30	43	62
로열 캐리비안	33	38	55
스타	69	58	54
프린세스	3	24	23
셀러브리티	3	4	6

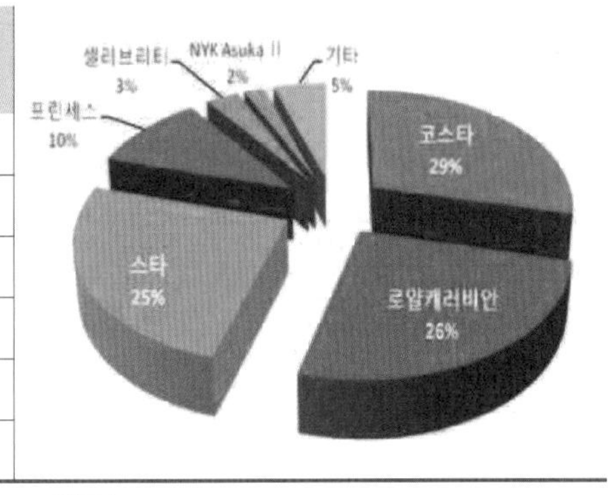

자료 : Ocean Shipping Consultants, Cruise Industry News, 2015

표 2-4 | 아시아 크루즈 현황(2015 기준)

선사명		척 수	주 모항
카니발 계열	코스타	3척	상해, 천진
	프린세스	5척	후쿠오카, 상해, 천진
	P&O	5척	시드니
	카니발	1척	시드니
로열		3척	상해, 천진, 산야
스타		4척	홍콩, 싱가포르
기타 선사		13척	천진, 후쿠오카 등
합계		34척	–

자료 : 중국 조선소, 독일 건조사, 카니발, 상해 지방정부, 국제 크루즈기준 협회, 중국 투자사

표 2-5 | 아시아 크루즈 관광객 추이 및 전망

구분	2000년	2005년	2010년	2015년	2020년
아시아	78	76	91	209	532~592
중국	6	14	22	109	400~460
일본	21	16	16	18	24
기타	51	46	53	82	108

(3) 크루즈시장 전망

동북아(한 · 중 · 일), 동남아, 오세아니아에 21개 선사 34척의 크루즈를 운영(2015년 기준)하고 있다. 아시아 국적 크루즈 선사는 8개 선사 9척이며, 외국 크루즈 6개 선사 23척의 크루즈선을 시장에 투입 중이다.

중국은 국적 크루즈선사 3개사가 3척을 운영 중이며, 외국 크루즈선사들은 2006년 중국시장에 진출 이후 2015년 현재 8척을 투입했다.

카니발선사는 2016년 중국 현지 법인을 설립하고 크루즈선을 2020년까지 30척, 2030년까지 100척으로 확대투입계획을 발표(카니발 회장 발표, 2015년 10월)했다.

중국 크루즈시장은 외국과 달리 크루즈여행사들이 외국 크루즈선을 임대하여 관광객을 모객하고 외국 선사들은 크루즈 운항만 담당하는 특이한 구조이다.

3) 중국 크루즈 현황

중국 크루즈시장은 외국과 달리 크루즈여행사들이 외국 크루즈선을 차터하여 관광객을 모객하고 외국 선사들은 크루즈운항만 담당하는 특이한 구조이다.

표 2-6 | **중국 크루즈운영 현황**

구분	선사명	선박명	톤 수	여객/ 승무정원
국적선사	HNA Tourism 보하이크루즈 Sky Sea 크루즈	Henna 중화태산 skyseas 골든애라	47,000 25,000 72,458	1,965/670 1,000/380 1,814/860
외국선사 (천진)	Royal Caribbean	Mariner	138,276	3,840/1,185
(상해)	Costa	Atlantica	85,619	2,680/897
	Royal Caribbean	Quantum	167,800	4,905/1,300
	Costa	Serena	114,500	3,780/1,100
	Princess	Sapphire	115,875	2,670/1,100
(하문)	Royal Caribbean	Legend	70,000	2,076/720
(홍콩)	Royal Caribbean	Voyager	138,000	3,114/1,176
	Costa	Victoria	75,166	2,394/790

자료 : Ocean Shipping Consultants, Cruise Industry News, KMI예측 〈세계 크루즈 관광객 추이 및 전망〉

4) 일본 크루즈 현황

일본은 국적 크루즈선사 4개사가 5척을 운영 중이며, 외국 크루즈선은 1개 선사가 1척을 운영 중이다.

표 2-7 | **일본 크루즈운영 현황**

구분	선사명	선박명	톤수	여객/승무정원
국적선사	유선크루즈	아쯔카II	50,142	960/545
	크리스탈 크루즈	크리스탈 심포니	51,044	922/566
	크리스탈 세레니티	크리스탈 세레니티	68,000	1,070/655
	상선 미츠여객선	니혼마루	22,472	680/220
외국선사	프린세스	다이아몬드 프린세스	115,875	2,706/1,100

5) 국가별 크루즈관광 특징

표 2-8 | 국가별 크루즈관광 특징

중국 크루즈 관광객	일본 크루즈 관광객	영어권 크루즈 관광객
온라인을 이용한 상품구입 증가	다양한 정보원을 활용하여 정보 입수	인터넷을 이용한 정보검색 및 상품구입
2,3선 도시 출발 크루즈 증가	웹사이트를 이용한 상품구입 증가	웹사이트를 이용한 상품구입 증가
가족중심 여행형태	배우자, 연인 구성의 2인 여행	배우자, 연인 구성 혹은 1인 크루즈여행 다수
단체여행 기항지 관광상품 이용	자유여행 형태의 기항지관광 선호	자유여행, 선사공식 옵션프로그램 선택
고급여행보다 짧은 일정의 가벼운 여행	기항지 관광프로그램 매력도가 중요한 흡인요인	기항지 관광프로그램에 대한 고려
쇼핑중심의 기항지 여행형태 일반화	문화체험형 기항지 관광 욕구	전통역사유적 기항지 체험관광 선호
1인 평균 쇼핑비용의 가파른 성장세	다양한 쇼핑시설 이용 쇼핑관광	10시간 이상의 긴 기항지 체류시간

6) 한국과 제주도 크루즈 현황

(1) 입국 동향

크루즈 관광객 입항은 급증하고 있다. 한국관광공사의 집계에 의하면, 2012년부터 외래 크루즈 관광객 급증하여, 크루즈선이 2016년 총 412회 입항을 하였고, 2015년 기준 104만 명의 크루즈 관광객 입항하였다.

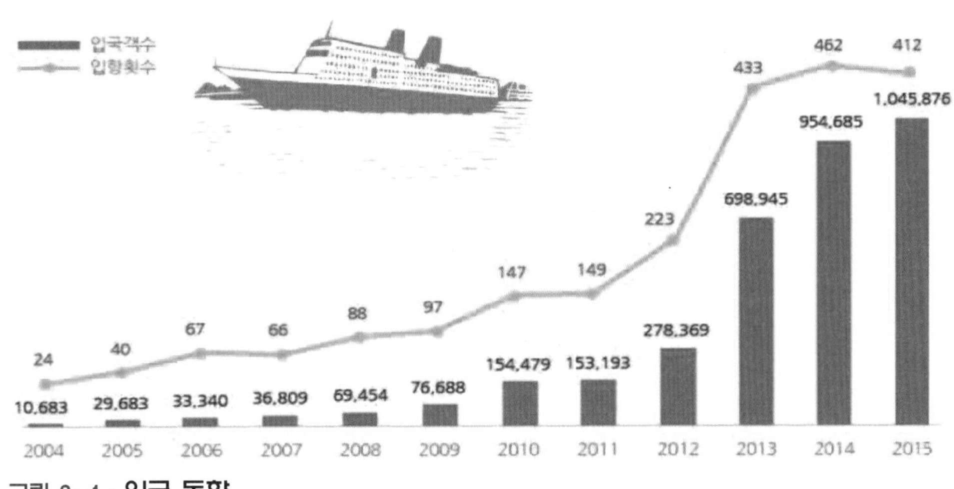

그림 2-1 | **입국 동향**

(2) 크루즈시장 동향

최근의 크루즈시장 동향을 보면, 2012년부터 외래 크루즈 관광객 급증하고 있다. 2014년에는 95만 명, 462회 입항하였고, 2015년 104만 명의 관광객을 싣고 412회 크루즈선이 입항하였다. 2016년 제주에 약 700회의 크루즈선의 입항이 예정되어 있다. 중국과의 사드(미사일방어체계)에 의한 정치적인 문제로 급감하고 있는 실정이다.

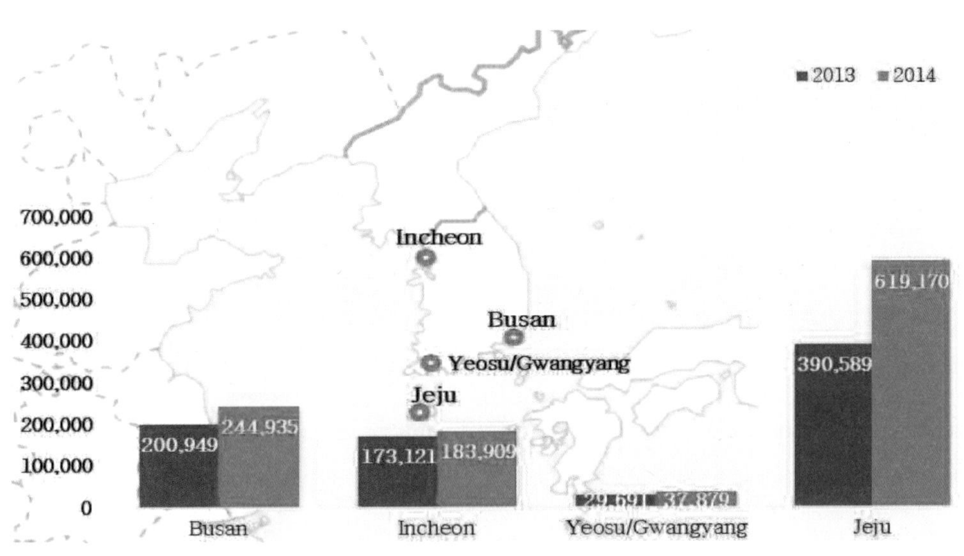

그림 2-2 | **크루즈시장 동향**

(3) 중국으로부터의 한국기항 주요 항로

■ 한-중 노선

상하이를 모항으로 출발하는 경우, 제주만을 오가는 노선, 제주 부산, 제주 · 인천 노선이 대부분이다.

톈진을 모항으로 출발하는 경우, 제주만을 오가는 노선, 인천만을 오가는 노선, 인천 · 제주 노선이 대부분이다.

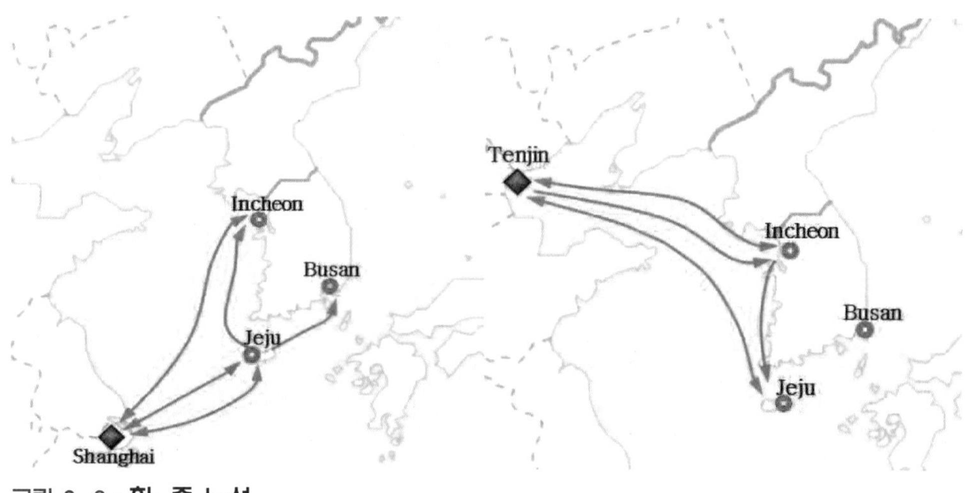

그림 2-3 | **한-중 노선**

(4) 한중일 기항지와 주요 항로

■ 한-중-일 노선

상하이를 모항으로 출발하는 경우에는 제주-후쿠오카, 제주-부산-후쿠오카/+나가사키 노선이 대부분이다.

텐진을 모항으로 출발하는 경우에는 제주-후쿠오카, 제주-나가사키, 부산-후쿠오카 노선이 대부분이다.

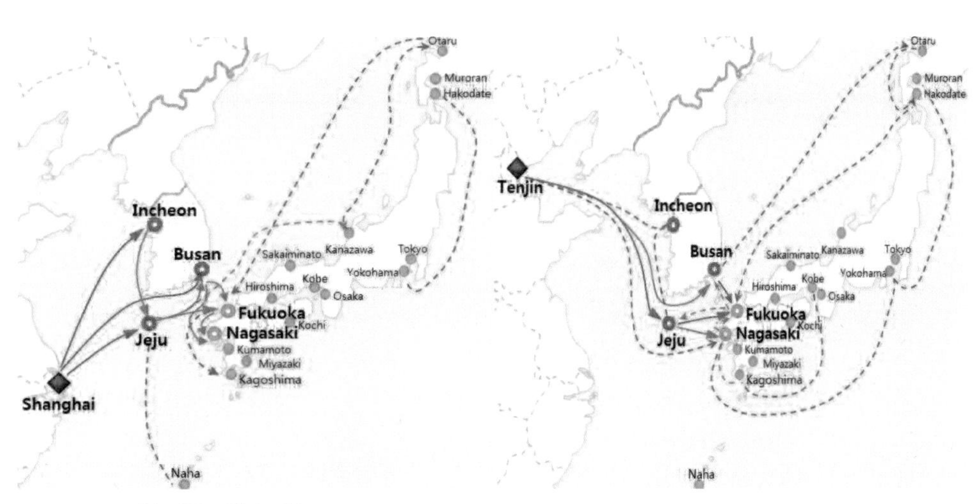

그림 2-4 | **한-중-일 노선**

(5) 제주도 입항동향과 선석

제주도는 한국 내 항구 중 최다 크루즈선 입항으로 크루즈관광의 중심지로 부상하고 있다. 제주도는 상해, 천진 등 중국 중· 북부 모항에서 출항하는 크루즈 첫 기항지로 최근 연도별 항차 수와 유치 인원수는 다음과 같다.

2014년 : 제주외항 2선석 242항차 59만 명(1항차 평균 2,430명)
2015년 : 제주외항 2선석 285항차 62만 명(1항차 평균 2,430명)
2016년 : 제주외항 2선석 562항차 예정 100만 명(1항차 2,000명 보수적 적용)
2020년 : 제주외항 2선석 + 강정항 2선석 1,000항차 200만 명(1항차 2,000명 보수적 적용), 외항 10만 톤 1선석 2020년까지 추가 예정이다.

표 2-9 | 제주도 입항현황(2016년)

크루즈선 명	입항횟수
ARCADIA	1
ARTANIA	1
ASUKA II	1
COSTA ATLANTICA	63
COSTA FORTUNA	50
COSTA SERENA	87
COSTA VICTORIA	10
CHINESE TAISHAN	55
CRYSTAL SERENITY	1
GLORY SEA	55
GOLDEN PRINCESS	11
INSIGNIA	1
LEGEND OF THE SEAS	15
MARINER OF THE SEAS	39
MILLENNIUM	2
MSC LIRICA	50
NIPPON MARU	1
OCEAN DREAM	1
PACIFIC VENUS	1
QUEEN ELIZABETH	1
SAPPHIRE PRINCESS	47
SEVEN SEAS VOYAGER	2
SILVER SHADOW	2
SKYSEA GOLDEN ERA	62
SUN PRINCESS	1
VOLENDAM	2
TOTAL	562

7) 한국의 크루즈 인프라 현황

(1) 여건 및 현황

지역별 크루즈선이 입항할 수 있는 규모 및 시설은 아래의 표와 같으나 부산을 제외하고는 제대로 된 터미널이 미비된 실정이고, 단지 임시 계류할 정도의 수준에 머물고 있다.

표 2-10 | **크루즈 인프라 여건(2016 현재)**

지역	전용부두	터미널
부산	부산북항 10만 톤급 1선석 (예비선석 포함 10만 톤급 2선석 운영)	국제여객터미널 1동 운영
	부산 동삼동부두 8만 톤급 1선석 (2018년 6월 22만 톤급 확충공사 완공)	22만 톤급 여객 5,400여 명이 이용할 수 있는 여객터미널 건립 계획
인천	화물부두 임시 접안 (인천남항 15만 톤급 전용부두 17년 운영)	인천남항 여객터미널 18년 상반기 완공 계획
제주	제주외항 10만 톤급 1선석 8만 톤급 1선석(임시부두) (20년까지 10만 톤급 1선석 추가 개발)	국제여객터미널 1동 운영
	강정항 15만 톤급 2선석 준공 (17년 하반기 운영 예정)	2018년 3월까지 완공·개장 계획
전남	여수항 15만 톤급 1선석	국제여객터미널 1동 운영
강원	속초항 3만 톤급(→7만 톤급) 1선석 (17년 운영 예정)	2016년 1월 운영 계획

(2) 전용부두 현황

크루즈 전용부두, 여객터미널, 주차장 등 기반시설과 관광·쇼핑, 대중교통 등 모항으로서 편의시설이 부족한 상황이다.

크루즈 전용부두는 2015년 기준 5선석(제주2, 부산2, 여수1)이 운영 중이고, 크루즈선 접안능력은 10만 톤급 수준이다. 16만 톤급 크루즈(퀀텀호)는 접안할 수 있는 전용부두가 없어 부산북항과 인천신항 화물선 부두에 접안하는 실정이다.

표 2-11 | 크루즈 전용부두 운영현황

항만별	합계	10만 톤 이하	10~15만 톤	15만 톤 이상
합계	5	2	2	1
부산항	2	1	1	–
제주항	2	1(임시부두)	1	–
여수항	1	–	–	1

(3) 전용부두 확충 계획

2020년까지 인천남항 1선석, 제주 강정항 2선석과 외항 1선석, 속초항 1선석 총 10선석으로 확충하고 있다.

표 2-12 | 크루즈 전용부두 건설계획

항만별	합 계	운영 중			건설계획		
		7~10만 톤	10~ 15만 톤	15만 톤 이상	7~10만 톤	10~15만 톤	15만 톤 이상
합 계	10	2	2	1	1	1	3
부산북항	1	1					
부산동삼동	1	1					
인천남항	1						1
제주외항	3	1 (임시부두)	1			1	
제주강정항	2						2
여수항	1			1			
속초항	1				1		

(4) 국제여객터미널 확충계획

부산북항, 제주외항, 여수항에 국제여객터미널을 운영 중이며, 속초항, 강정항, 인천남항, 부산동삼동에 2018년까지 4개소로 확충하고 있다.

표 2-13 | **국제여객터미널 운영 및 건설계획**

항만별	합 계	운영	건설계획		
			2016년 완공	2017년완공	2018년완공
합 계	7개소	3개소	1개소	2개소	1개소
부산북항	1	2015년 8월	–		
부산동삼동	1	–	–	1	–
인천남항	1	–	–	–	1
제주외항	1	2015년 10월	–	–	–
제주강정항	1	–	–	1	
여수항	1	2012년 1월	–	–	–
속초항	1	–	1	–	–

(5) 항만 인프라 현황 및 계획

2020년까지 총 13개 크루즈 부두를 확보할 계획이다.

그림 2-5 | **항만 인프라 현황 및 계획**

8) 크루즈산업의 경제효과

(1) 경제효과 예측

소비지출 및 투자비 규모 산정 2020년 크루즈 관광객 300만 명 유치, 국내 모항을 이용하는 크루즈 관광객 20만 명 확대로 인한 총 소비지출은 3조 6,722억 원으로 추정되고 있다.

- 기항지관광객 소비지출: 3조 4,194억 원[303만 명 × 1인 평균 소비액 1,128천 원(15년 조사), 평균지출 919$ × 환율 1,228원(16.2.23기준)]
- 모항관광객 소비지출 2,122억 원[내국인 18만 명 × 1인 1,173천 원(운임 1,000천 원 + 지출액 173천 원(14년 국민여행실태조사 1인 평균))
- 모항관광객 소비지출 406억 원[외국인 2만 명 × 1인 2,033천 원(운임 1,000천 원 + 1인 지출액 1,033천 원(14년 조사 842$ × 환율 1,228원, 16.2.23기준)]
- 크루즈 전용부두, 여객터미널, 복합관광단지 등 크루즈산업 기반시설 투자비는 2020년까지 1조 6,170억 원 투자할 계획이다.
- 전용부두: 2,703억 원[인천남항 1, 제주외항1, 속초항 1, 부산동삼동 확장]
- 여객터미널 등: 997억 원(인천남항, 강정항, 속초항, 강정항 운영시설
- 복합관광단지: 1조 2,470억 원(부산북항재개발, 인천골든하버, 제주탐라문화광장 등)

(2) 경제적 파급효과 예측

관광부문의 경제적 파급효과는 2020년 크루즈 관광객을 통해 생산 6조 1,780억 원, 소득 1조 2,437억 원, 부가가치 2조 9,861억 원, 고용인원은 4만 4,309명이 될 예정이다.

관광승수를 적용할 경우에는 2009년 전국산업연관표 관광승수에서 숙박업과 운동경기업을 제외하고 운수 및 보관업을 포함하여 기본 승수도출된다.(KMI: 한국관광문화연구원)

시설투자 측면에서는 2016~2020년까지 크루즈 기반시설 투자를 통해 생산 3조 4,502억 원, 소득 6,271억 원, 부가가치 1조 2,182억 원, 고용인원이 2만213명 증가할 예정이다.(승수적용: 2009년 전국산업연관표 건설업 승수적용)

모항운영의 경우에는 크루즈선 7만 톤급 1척 연간 모항 운영비 3,216억 원의 소비지

출과 1,497명(직접고용 790명, 고용유발 707명) 신규 일자리 창출하는 경제효과를 산출할 예정이다(한국해양수산개발원과 한국관광문화연구원).

2. 세계의 크루즈 공급동향

세계의 크루즈 공급량은 크루즈선박에서 숙박할 수 있는 침상의 수로 표시할 수 있다. 크루즈 공급량은 전체 숙박 수용량의 0.6%에 그치고 있으나, 1980~1990년 사이에는 107%, 1990~1998년 사이의 8년간은 공급이 90% 정도 증가한 모습을 보이고 있다.

3. 크루즈시장의 현황과 전망

크루즈시장에서의 수요와 공급은 지속적으로 함께 성장해 왔으며, 특히 객실점유율(occupancy rate) 측면에서는 전세항공기와 유사한 비율을 보이고 있어 효율성이 매우 높은 수치를 나타내고 있다. 크루즈선박은 선실공급에 따른 객실점유율에서 호텔의 평균 객실점유율을 훨씬 상회하고 있어 자원이용의 효율성에서 앞서고 있다.

4. 한국의 크루즈시장 현황

1) 국내 크루즈시장 현황

(1) 국내 크루즈시장

한국에서는 반도국가의 지형적 특성인 바다를 통한 해양진출의 역사이기보다 대륙지향적 사관이 주류 역사관으로 지배해 왔고, 쇄국주의와 혐수(嫌水)의식으로 인하여 무궁한 해양강국의 기반을 충분히 갖추었음에도 불구하고 주력산업으로의 성장에는 미흡한 것이 현실이다. 동양에서도 예로부터 뱃놀이가 귀족층 등에게 최고의 풍류문화로 자리매김하여 왔지만, 유럽과 달리 여객선과 크루즈선을 산업의 기틀로써 발전시키지는 못하였다.

1980년대 이후 조선산업의 발전과 함께 해양강국으로 발전하였지만, 한국 최초의 크루즈산업은 1998년 현대상선 등이 컨소시엄을 이룬 금강산크루즈가 한국해안에 등장한 최초의 대형 크루즈선이라고 말할 수 있다. 2001년 스타 크루즈사는 부산과 평택 등을 기점으로 한국을 정기적으로 취항하여 중국 일본을 연계한 크루즈상품을 통해 동북아 크루즈라인을 개척하여 크루즈여행 홍보역할에는 기여를 하였으나 수익성 부족 등의 이유로 현재 운항이 중단된 상태이다.

표 2-14 | 한국의 크루즈선 운항현황

연도	내용	비고
1998년	금강산 크루즈 취항	동해 ↔ 금강산 운항
2000년	부산시-스타 크루즈사 취항	한국 ↔ 일본 운항
2001년	금강산 크루즈 운항 중단	카지노 불허 및 육로 개방
2001년	스타 크루즈사 부산기항 포기	영업부진
2002년	스타 크루즈사 평택기항	한국 ↔ 중국 ↔ 일본 운항
2002년	스타 크루즈사 평택기항 중단	영업부진
2003년	펜 스타호 연안크루즈 운항	부산항내 크루즈 운항
2004년	혜성협운	크루즈 운항 면허 취득, 반납
2005년	팬 스타 드림호 주말크루즈	유사 크루즈운항
2005년	로열 캐리비안선사 부산모항 운항	4회 실시
2008년	팬 스타 허니호 남해안 크루즈 운항	부산 ↔ 통영 ↔ 여수 ↔ 완도 ↔ 제주
2009년	팬 스타 허니호 운항 중단	국제선과 연계불리
2010년	테즈락 세트럴베이 크루즈	국제선과 연계불리
2011년	펜스타크루즈	한려해상국립공원 시범운항
2012년	클럽 하모니 운항시작	한·중·일 운항시작(폴라리스 쉬핑)
2013년	클럽 하모니 운항 중단	61항차 운항(400억 적자)
2015년	크루즈산업의 육성 및 지원에 관한 법률	시행령과 제정
2016년	크루즈산업의 육성 및 지원에 관한 조례	부산시, 강원도, 전라남도, 제주특별자치도 조례 제정

한국을 모항으로 하는 크루즈사업은 2005년 5월에는 여객운송사인 혜성협운이 2005년 5월에 해양수산부로부터 선박 확보를 조건으로 운항면허를 취득하였으나 선박 확보

어려움 등의 문제로 면허를 반납하게 된다. 2006년 1월 팬 스타 크루즈가 운항을 시작하여 내국인의 크루즈선 이용이 이루어지고 있으며, 2006년 7~10월에는 제주, 상하이, 나가사키를 연결하는 코스타 알레그라호가 운항되었다. 2007년에 코스타 크루즈가 제주를 19차례 정기기항하고, 2008년에는 로열 캐리비안선사가 4차례 부산을 모항으로 기항했으며, 2010년에는 코스타크루즈와 로열 캐리비안 인터내셔널(RCI)이 총 78차례 기항 중 각각 14차례와 19차례씩 동북아지역의 허브항구들을 모항으로 두고 기항하였다. 2012년에는 하모니 크루즈선사가 운항을 시작하였으나 적자로 인하여 2013년 중단한 이후 정부는 2014년 크루즈발전에 관한 법률을 상정하여 이 분야 발전을 도모하고 있다. 그러나 국내 크루즈시장은 아직 사업여건이 활성화되지 않은 실정이지만 태동기의 면모를 갖추고 발전을 준비하는 단계라고 볼 수 있다.

(2) 운항 및 이용객 실적

스타 크루즈사는 부산항과 제주항에 토러스(25,000톤, 정원 960명)호와 에이리스(37,000톤, 정원 678명)호를 운항하였다. 토러스호는 2000년 3월 12일 취항하여 2001년 10월 14일까지 부산항, 제주항을 중심으로 운항하였다. 상품판매를 위한 별다른 광고, 홍보활동이 없는 가운데서도 같은 기간 동안 이용자 수는 약 9만 명 수준, 항차당 400~500명선으로 나타난다. 에이리스호는 2000년 11월부터 2001년 4월까지 6개월 동안 부산항, 제주항을 중심으로 운항하였다. 같은 기간 동안 이용자 수는 약 1만 5천여 명 수준, 항차당 300~400명이었다. 토러스호와 에이리스호의 내국인 이용객 비율은 30%, 일본인 등 외국인의 비율은 70%를 점유하였다. 평택항과 중국 도시를 오가는 일정으로 2002년

표 2-15 | 슈퍼스타 카프리콘호 이용객 실적

구분	월별	항차 수	항차당 이용객 수
2003	4	6	64
	5	9	257
	6	9	504
	7	8	429
	8	10	571
	9	8	290
합계		50	2,115

자료 : 한국문화관광정책연구원

8～11월 기간에는 제미니(19,000톤, 정원 800명 규모)호를 운항한 바 있고, 2003년 4～9월에는 카프리콘(28,000톤, 정원 800명 규모)호를 교체 투입하였으나 2003년 9월 중증 급성호흡기 증후군(SARS) 발발 등으로 운항이 어려워져 중단하게 된다. 카프리콘호는 한국시장을 대상으로 영업을 실시한 결과 항차당 평균승객이 374명이었고, 그 가운데 한국승객이 전체 승객 중 95%를 차지한 것으로 알려졌다.

(3) 운항 내역

한국을 모항으로 하는 국제크루즈와 연안크루즈가 국내 소비시장의 미성숙과 기반시설 여건, 법적·제도적 지원의 문제로 가시적 성과를 나타내지 못한 데 반하여 한국을 기항하는 국제 크루즈선박은 꾸준하게 증가하고 있다. 부산과 제주도 지역은 최근 5년간 국제 크루즈선박의 입항횟수가 크게 증가한 것으로 나타나고 있으며, 이는 중국크루즈시장의 성장에 따라 중국 ↔ 한국(부산/제주) ↔ 일본을 연계하는 크루즈 관광상품이 등장한 데 원인이 있는 것으로 판단된다.

표 2-16 | 스타 크루즈 운항내역

구분		세부내용
부산항 및 제주항	선박명	토러스(Taurus)호(25,000톤)
	기간	2000.03～2001.10(17개월간)
	루트	부산 다대포항–고베–고치–가고시마–다대포항(4박 5일) 부산–고베–벳푸–다대포항(3박 4일) 제주–상해–부토산성(중국)–고베–후쿠오카–부산(7박 8일)
	이용객 수	약 90,000명
	선박명	에이리스(Aries)호(37,000톤)
	기간	2000.11～2001.04(6개월간)
	루트	후쿠오카–부산–제주–상하이–푸토산–고베–후쿠오카(7박 8일) 부산–후쿠오카–나가사키–제주
	이용객 수	약 15,000명
평택항	선박명	제미니호(19,000톤), 카프리콘호(28,000톤)
	기간	2002.08～11, 2003.04～09
	루트	평택–중국 칭다오–다롄–평택(4박 5일)
	이용객 수	약 29,000명

자료 : 한국문화관광정책연구원

2010년에는 로열 캐리비안선사가 중국의 상하이·텐진과 함께 부산을 준 모항으로 활용하는 크루즈 관광상품을 판매하면서 국내 크루즈 관광수요는 지속적으로 증가할 것으로 기대되고 있다. 정부에서는 고부가가치 서비스산업 육성차원에서 크루즈 관광산업을 육성하기 위한 정책을 마련하고 있다.

표 2-17 | **국제 크루즈선박의 입항현황**

구분	부산항		제주항		인천항		기타	
	입항	관광객	입항	관광객	입항	관광객	입항	관광객
2001	19	11,783	28	12,805	1	484	-	-
2002	28	13,237	8	2,760	2	515	39	7,016
2003	18	6,396	4	1,445	2	1,279	55	14,321
2004	22	9,930	2	753	-	-	-	-
2005	29	24,582	6	3,205	3	432	5	2,076
2006	36	20,928	21	10,477	3	1,652	7	1,345
2007	31	15,642	5	17,192	2	1,368	11	2,180
2008	14	24,934	17	21,772	6	3,557	6	2,252
2009	34	26,744	37	38,147	14	8,802	7	1,022
2010	79	106,254	53	77,173	15	12,802	8	968

(4) 항만수입

부산항은 2000년 한 해 동안 크루즈선 입항에 의하여 약 170억 원의 수입을 올렸고, 제주항은 슈퍼스타 에이리스호 1회 입항 시 700여 만 원의 항만 사용료를 비롯해서 약 7,200만 원의 관광수입을 올린 것으로 알려지고 있다. 슈퍼스타 토러스호는 2000년에 44,357명이 탑승하였으며, 항차당 평균 445명이 부산항을 찾아 1억 4,685만 원을 지출하였고, 항비는 항차당 총 2억 200만 원을 사용함으로써 총 151억 5,000만 원을 지출한 것으로 집계된다. 슈퍼스타 에이리스호는 항차당 360명이 탑승하여 8,811만 원을 관광비용으로 지출하는 등 항차당 1억 5,000만 원씩 모두 27억 원을 지출한 것으로 나타났다.

2) 팬스타 크루즈

부산항에서 운항되는 연안크루즈 팬스타 드림호는 부산1부두 및 국제여객 크루즈터미널을 이용해 1박 2일 원나이트 크루즈여행을 실시하고 있으며, 복합해상여객운송사업의 면허를 받아 운항 중으로 한국 최초의 연안크루즈여행이라는 의미를 갖고 있다. 팬스타 크루즈는 화물과 여객을 운송하는 용도인 '화객선'으로 2005년부터 부산 · 오사카 페리, 부산 원나이트 크루즈를 운항 중이며, 부산 · 오사카 페리는 2,600회 이상 운항했으며 약 80만 이상의 승객들이 이용했다. 부산 원나이트 크루즈 또한 약 5만 명 이상의 승객이 탑승했다. 팬스타 크루즈에서는 크루즈와 항공을 접목한 에어크루즈상품을 이용할 수 있으며, 크루즈 이용고객에게 오사카, 교토, 기노사키 등 근처 도시의 숙소예약과 관광안내를 함께 제공한다.

그림 2-6 | 팬스타 드림호

표 2-18 | **팬스타 드림호 제원**

구분 / 분류	제원		
건조연도	1997년	길이	160m
국적	대한민국	폭	25m
국제 톤수	21,535톤	속도	25knot
총톤수(GT)	9,690톤	화물적재량	220TEU
적화톤수(DWT)	4,249톤	승객 정원	680명

3) 하모니 크루즈

2012년 2월부터 국내 최초로 크루즈사업을 시작한 하모니 크루즈는 부산에서 취항식을 하고 운항을 시작했다. 하모니 크루즈의 크루즈선인 클럽하모니호는 총톤수 2만 6천t, 길이 176m, 폭 26m, 9층 시설의 축구경기장 2개 규모의 크루즈선이다. 383실의 객실을 갖추었고 최대승객 1천 명을 태울 수 있으며, 야외수영장, 자쿠지, 대형극장, 고급레스토랑, 피트니스클럽, 스파, 키즈클럽 등 호화시설을 자랑한다. 2012년 2월 16일 첫 출항에 들어갔으며 중국과 일본, 러시아를 오가는 다양한 상품을 판매하고 있다. 크루즈선

그림 2-7 | **클럽하모니호**

표 2-19 | **클럽하모니호 제원**

분류 \ 구분	제원		
국적	대한민국	길이	176m
총톤수(GT)	26,000톤	폭	26m
주요시설	야외수영장, 대형극장, 고급 레스토랑, 스파, 피트니스클럽	속도	25knot
		승객 정원	1,000명
데크(Deck) 수	9층	승무원 정원	356명

에는 또한 한국어 · 영어 · 일어 · 중국어 등 외국어를 동시에 사용할 수 있는 승무원들을 배치하여 국내외 승객들이 불편을 느끼지 않도록 했으며, 1박에 60만 원에 달하는 다른 크루즈선들에 비해 하모니 크루즈는 1박당 14만 원 정도의 가격으로 경쟁력을 갖추고 있다.

제2절 크루즈선사 현황

1. 주요 선사의 현황

1) 주요 선사의 점유율 구성

세계의 주요 선사는 일반적으로 4대 선사, 또는 8대 선사로 구분하는데, 4대 선사로는 카니발 크루즈, 프린세스 크루즈, 로열 캐리비안크루즈 및 아시아의 스타 크루즈로 구분한다. 세계 8대 선사는 4대 선사에 셀러브리티 크루즈, 코스타 크루즈, 홀랜드아메리카라인 및 노르웨이지언 크루즈가 추가된다. 4대 선사는 세계 시장점유율의 지배적인 위치에 있으며, 그 점유율은 <표 2-20>과 같다.

표 2-20 | **선사특성별 크루즈선 현황(2002년 1월 기준)**

선사별	선박 수	총톤수 합계	총선실 수	평균선령
세계 4대 선사	106	6,152,670	161,411	9.9
북미 소규모 선사	18	508,944	9,728	7.5
유럽 소규모 선사	49	926,188	34,512	27.6
아시아 소규모 선사	10	252,133	7,206	17.9
합계	183	7,839,935	212,857	14.8

자료 : PSA & Lloyd's Cruise Int'l

그림 2-8 | **카니발 스피리트호**

2) 세계 4대 선사의 공급력

세계 4대 선사는 현재 세계 크루즈선실 공급의 72%를 차지하고 있어 크루즈시장의 선도력을 지니고 있으며, 규모의 경제를 실현해 가는 선사들이라고 할 수 있다.

이들은 크루즈 기항지 선정에도 선도력을 갖고 있으며, 재구매고객을 확보하고 있어 동일 승객에게 서로 다른 다음 여행 목적지를 추천하여 매출을 증진시키고 있다. 세계 4대 선사그룹에 소속된 보유 선사명과 보유선박의 공급력은 <표 2-21>과 같다.

표 2-21 | 세계 4대 크루즈선사 그룹의 보유선사와 공급력

Cruise Groups	Carnival Corporation	Royal Caribbean Cruises(RCC)	P&O Princess	Star Cruises Group
Cruise Lines	* Carnival Cruise Lines * Holland America Line Windstar * Costa Crociere Cunard Seabourn Cruise Line	* Royal Caribbean Int'l * Celebrity Cruises	P&O Swan Hellenic P&O(Australia) * Princess Cruises Aida Cruises	* Star Cruises * Norwegian Cruise Orient Lines
No of Ship	46	23	18	19
TTL GT	2,323,110	1,841,244	1,083,062	905,254
TTL Berths	61,597	47,184	27,420	25,210
Avg Age	10.78	5.61	10.33	8.50
World Market Share	32%	21%	17%	11%

자료 : WTO, 2002(*표시는 세계 8대 크루즈선사)

3) 세계 4대 선사의 지역별 운항점유율

아시아에서 유일하게 세계 4대 선사에 속한 스타크루즈는 동남아시아와 극동아시아를 중심으로 운항하고 있으며, 그 이외의 선사는 주로 카리브해와 알래스카지역에 중점적으로 취항하고 있다.

따라서 현재 아시아 또는 극동아시아를 운항하고 있는 선사의 활동은 매우 미약한

표 2-22 | 세계 4대 선사의 지역별 운항 점유율

크루즈선사 \ 운항지역	카리브해	알래스카	유럽	극동
Carnival	37.8	31.2	23.6	0.4
RCC	25.7	23.7	4.1	0.2
P&O Princess	5.9	29.0	9.1	3.5
Star Cruises	7.5	12.9	4.3	74.4
Total	76.9	96.8	41.1	78.5

자료 : Christiania Bank of Kreditkasse(자료기준 : 2000년, %)

편이며, 향후 크루즈지역의 확대와 함께 많은 크루즈선박이 아시아지역을 기항할 것으로 예상된다. 현재 세계 4대 선사의 지역별 운항 점유율은 <표 2-22>와 같다.

4) 세계 크루즈선박의 선적

대부분의 크루즈선사는 세금을 줄이고, 서구의 엄격한 노동규정을 피하고자 선박의 소유국가에 선적을 등록하지 않고, 선박 관련 세금이 적고, 노동법 규정 적용이 까다롭지 않은 파나마, 라이베리아, 바하마와 같은 국가에 선적을 둔다. 크루즈선박의 선적 현황은 <표 2-23>과 같다.

그림 2-9 | 로열 캐리비안 프리덤호

표 2-23 | 크루즈선박의 주요 선적

선적국	선박 척수	승선 수용력(선실)	점유율(%)
파나마	34	38,527	23.7
라이베리아	33	37,520	23.1
바하마	38	36,231	22.5
노르웨이	12	13,574	8.3
네덜란드	10	12,991	8.0
영국	7	7,646	4.7
그리스	11	5,045	3.1
사이프러스(키프로스)	6	3,918	2.4
독일	5	2,468	1.5
이탈리아	3	1,418	0.9
프랑스	1	1,196	0.7
미국	1	818	0.5

자료 : 이경모(2004), 『크루즈산업의 이해』

제3절 크루즈 기항지

1. 크루즈 기항지 선택 시 고려사항

크루즈선사가 크루즈 일정을 계획할 때 고려대상이 되는 것은 기항지의 상업적인 측면, 물류와 운송 및 표적시장 선호도라고 할 수 있다. 선사가 고려하는 기항지 선정요인은 <표 2-24>와 같다.

표 2-24 | 크루즈선사의 기항지 선정 시 고려요인

상업적 측면	물류・운송	표적시장 선호도
• 시장수요와 수익성 • 항구 이용 시 경제성과 질(質) • 해당 지역에서의 경쟁상태 • 판매네트워크의 가용성	• 기반시설의 기술적 조건 • 항만서비스 • 타 항구와의 인접성 • 기항지 및 인근의 관광시설 • 타 교통과의 접근성 • 연료・음식 공급 가용성	• 탑승객의 선호도 • 관광매력물에 대한 선호도 • 현지 시장의 크루즈시장성 • 신변안전 및 정치적 안정성

자료 : 이경모(2004), 『크루즈산업의 이해』

2. 기항지 활동

크루즈선박 여행의 전형적인 일정은 아침에 하선하여 기항지 방문활동 후 오후 늦게 또는 저녁에 승선하여 다음 방문지로 이동하는 것이다. 그러나 크루즈선박의 일정에 따라 기항지 방문시간은 오전 반일 또는 오후 반일이 되기도 하며, 1박 2일간 항구에 정박해 있기도 한다. 기항지 활동시간과 활동의 예는 <표 2-25>와 같다.

표 2-25 | **기항지 활동시간과 활동의 예**

관광활동별	일반적인 승하선 시간	일반적인 활동
반일관광	오전 09:00~오후 13:00 또는 오후 13:00~오후 18:00	시내 주요명소 관광 (Orientation Tour)
전일관광	오전 09:00~오후 18:00	시내명소 관광 또는 기항지 인근지역 방문
숙박관광	당일 09:00 또는 13:00~ 익일 13:00 또는 18:00	시내명소 관광 또는 기항지 인근지역 방문(대개 숙박은 선상에서)
장기관광	정해진 승하선 시간 없음	특정 선박에서만 가능

3. 아시아 주요 기항지와 항구별 크루즈 교통량

아시아 주요 기항지는 싱가포르, 홍콩, 쿠알라룸푸르 및 푸켓으로 구분할 수 있으며, 그중 입항선박 수와 입항승객 수에 있어 크루즈센터를 보유하고 있는 싱가포르가 가장 많은 선박과 승객을 유치했다.

표 2-26 | **아시아 주요 항별 크루즈 교통량**

항구별	여행목적지	입항선박 수	입항승객 수
싱가포르	싱가포르	168	231,522
홍콩	홍콩	106	179,158
포트켈랑	쿠알라룸푸르	110	139,510
푸켓	푸켓	114	132,516
후쿠오카	후쿠오카	90	83,516
람차방	방콕 · 파타야	85	61,016
인천	서울	7	4,900
부산	부산 · 경주	76	8,500

자료 : GP Wild Ltd.(단기크루즈 및 연안크루즈는 제외됨. 한국은 1998년, 외국은 2001년 기준)

CHAPTER_3

세계의 주요 크루즈선박 분석

CHAPTER

3 세계의 주요 크루즈선박 분석

제1절 크루즈선박의 평가

1. 크루즈선박의 평가

크루즈선박은 선박의 규모, 선령, 크루즈 목적 등에 따라 유형을 분류할 수 있다. 크루즈선박의 규모에 따라 소형 크루즈선박, 중형 크루즈선박 및 대형 크루즈선박으로 구분할 수 있으며, 최근 선박 주문 동향에 따르면, 중형 크루즈선박의 주문은 감소하고, 대형 및 초대형 크루즈선박의 주문이 증가하고 있다.

다음 표에 구분된 방법 이외에도 선박의 규모와 함께 운항 특징별로 부티크 크루즈선박(Boutique cruise ship), 오션 라이너(Ocean liner) 및 탐험 크루즈선박(Expedition cruise ship) 등이 있다.

부티크 크루즈선박의 승객정원은 300명 이하이나 매우 고급스러운 서비스를 제공하는 크루즈선박이며, 오션 라이너는 일반적으로 해양을 항해하는 여객선을 지칭하나, 크루즈산업에서는 과거 대서양 횡단과 세계 일주에 이용되었다가 크루즈선박으로 변환된 선박을 의미한다. 이러한 선박은 대개의 경우 강인한 선체를 지니고 있으며, 흘수(선박이 하중에 의하여 물에 잠기는 부분)가 깊은 것이 특징이다.

선박을 구분하는 다른 방법 중 하나는 선령에 따른 방법으로 일반적으로 1970년 이

전에 건조된 선박을 구형선박(Old ship)이라 하고, 1970년 이후에 건조된 선박을 신형선박(New ship)이라 한다.

크루즈선박의 평가기준은 크루즈여행상품의 수준에 따라 1에서 10까지 등급을 주었다. 가장 높은 등급의 선박이나 회사들을 특별한 기준에 따라 '베스트'로 선정하였다. 같은 회사 선박들의 경우 선박들끼리는 동일한 가격과 조건에서 등급을 비교하였다. 한 회사 내에 일련의 선박들에 대해서는 회사와 함께 선박의 이름을 표시하였다. 분류에 적용한 평가기준은 <표 3-1>과 같다.

표 3-1 | 규모에 의한 크루즈선박의 분류

선박유형		선박의 특징
소형 선박 (Small ship)	Boutique	5,000톤에서 20,000톤 규모의 선박이며, Boutique Luxury와 Boutique Adventure로 세분류하기도 한다.
중형 선박 (Midsize)	Mid-Size	50,000톤 이상의 선박
대형 선박 (Superliner)	Resort XL (Extra Large)	70,000톤 이상의 선박
초대형 선박 (VLCV)	Resort XXL (Extra Extra Large)	85,000톤에서 100,000톤급 이상의 선박으로 너무 커서 파나마 운하를 경유할 수 없는 거대선박들이다.

자료 : Blum, Ethel, Worldwide Crusing, 14th Edition 참고 재작성

또한 가격대로 분류하는 기준은 <표 3-2>와 같다.

표 3-2 | 가격대에 의한 크루즈선박의 분류

Budget $$	일인당 하루 $125 이하
Moderate $$$	일인당 하루 $125에서 $225 사이
Premium $$$$	일인당 하루 $250에서 $375의 가격대
Luxury $$$$$	일인당 하루 $400의 가격대

자료 : Blum, Ethel, Worldwide Cruising, 14th Edition

1) 분야별 베스트 선박과 선사 및 크루즈여행의 분류

표 3-3 | 크루즈선사에 의한 분류

크루즈선사	승선비용	선박규모
Carnival Cruise Lines	$$$	Resort
Holland America Line	$$$$	Premium
Princess Cruise	$$$	Resort
ROYAL Caribbean International	$$$	Resort

그림 3-1 | 커나드 크루즈의 퀸엘리자베스 2호

표 3-4 | 최고의 세계일주 크루즈여행

선박명	승선비용	선박규모
Amsterdam	$$$$	Premium
Aurora	$$	Budget
Crystal Symphony	$$$$$	Luxury
Seven Seas Mariner	$$$$$	Luxury
Queen Elizabeth	$$–$$$$$	Traditional

SILVERSEA

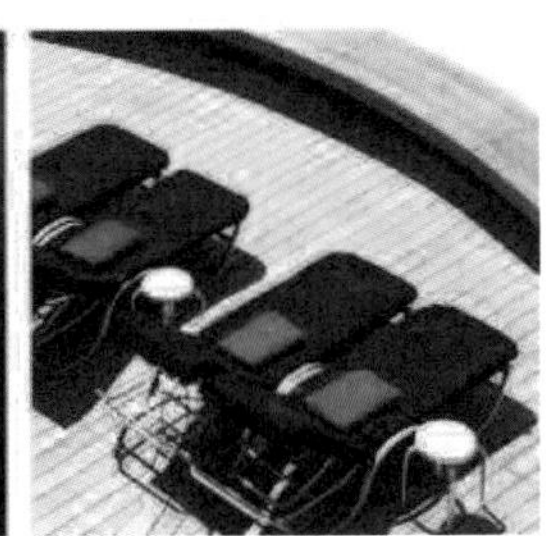

그림 3-2 | 실버시 크루즈

표 3-5 | 가장 낭만적인 선박(부티크 카테고리)

선박명	승선비용	선박규모
Paul gauguin	$$$$	Luxury
Silver Wind/Cloud	$$$$$	Boutique Luxury
Wind Spirit/Song/Star/Surf	$$$$	Boutique Luxury

그림 3-3 | 실버시 크루즈의 실버윈드호

표 3-6 | 가장 낭만적인 선박(대형 선박)

선박명	승선비용	선박규모
Carnival Spirit/Pride/Legend	$$$ XXL	Resort
Dawn/Sea/Sun/Ocean Princesses (Princess Cruises)	$$$ XL	Resort
Millennium/Summit/Infinity	$$$$	Premium

그림 3-4 | 셀러브리티 크루즈의 밀레니엄호 선사 내부

표 3-7 | 시니어를 위한 최고의 선박

선박명	승선비용	선박규모
Rotterdam/Prinsenddam	$$$$	Premium
Carnival Paradise	$$$ XXL	Resort
Caronia(Cunard Line)	$$$$	Traditional
Crystal Harmony/Symphony	$$$$$	Luxury
Seabourn Pride/Spirit/Legend	$$$$$	Boutique
World Explorer	$$	Budget

그림 3-5 | 카니발 파라다이스호

표 3-8 | 장애 여행자를 위한 최고의 선박

선박명	승선비용	선박규모
Rotterdam	$$$$	Premium
Carnival Spirit/Pride/Legend	$$$ XXL	Resort
Grand-Princess, Ocean Princess	$$$ XXL	Resort
Royal Caribbean Voyager-Class Vessels	$$$ XXL	Resort

그림 3-6 | 카니발 스피리트호

표 3-9 | 최고의 유대인 음식

선박명	비용
Holland America	$$$
Radisson Seven Seas Cruises	$$$$$
Crystal Cruises	$$$$$

표 3-10 | 최고의 식당 선택권을 보유한 선박

선박명	승선비용	선박규모
Carnival Spirit/Pride/Legend	$$$ XXL	Resort
Millenium/Summit/Infinity	$$$$	Premium
Disney Wonder/Magic	$$$ XL	Resort

그림 3-7 | 셀러브리티 크루즈 밀레니엄, 서미트 호

표 3-11 | 독신자를 위한 최고의 선박

선박명	승선비용	선박규모
Carnival Cruise Line	$$$	Resort
Crystal Cruise	$$$$$	Luxury
Silversea Cruise	$$$$$	Luxury

SILVERSEA

그림 3-8 | 실버시 크루즈

표 3-12 | 최고의 오락이 제공되는 선박

선박명	승선비용	선박규모
Carnival Cruise Lines	$$$	Resort
Princess Cruises	$$$	Resort
Norwegian	$$$	Resort

그림 3-9 | 크루즈 선내 고급 엔터테인먼트 시설

표 3-13 | 최고의 온천과 체육시설이 제공되는 선박

선박명	승선비용	선박규모
Carnival Triumph Carnival Spirit Class Ships	$$$ XXL	Resort
Norwegian Sky	$$$ XXL	Resort
Royal Caribbean's Voyager Class Ships	$$$ XXL	Resort
Prinsendam(Holland America Line)	$$$$	Luxury
Seven Seas Mariner	$$$$$	Luxury

그림 3-10 | **래디슨 세븐씨 크루즈선사의 쎄븐씨 마리나**

표 3-14 | **가족단위 여행자를 위한 최고의 선박**

선박명	승선비용	선박규모
Carnival Triumph Carnival Spirit Class Ships	$$$ XXL	Resort
Norwegian Sky	$$$ XL	Resort
Royal Caribbean's Voyager Class Ship	$$$ XXL	Resort
Prinsendam(Holland America Line)	$$$$	Luxury
Seven Seas Mariner	$$$$$	Luxury

그림 3-11 | 홀랜드 아메리카선사의 승객

표 3-15 | 회의와 미팅을 위한 최고의 선박

선박명	승선비용	선박규모
Seven Seas Mariner	$$$$$	Luxury
Crystal Symphony	$$$$$	Luxury
Silver Whisper Silver Shadow	$$$$$	Luxury
Radisson Diamond	$$$$	Boutique
Seabourn Pride/Spirit/Legend	$$$$$	Luxury
Adventure of The Seas	$$$ XXL	Resort

그림 3-12 | 쎄분씨 마리나호와 실버시 크루즈

2. 기타 특수목적의 크루즈여행

■ 누디스트를 위한 크루즈여행

- American Association for Nude Recreation(플로리다)
- Bare Necessities Tour & Travel
- Travel Au Naturel

그림 3-13 | 누디스트를 위한 크루즈선사

■ 게이나 레즈비언을 위한 크루즈

- 여행 : PSVP Cruises(미네소타), Our Family Abroad(뉴욕), Advance Damron Vacations(텍사스), Pied Piper Travel(뉴욕)

그림 3-14 | 쎄리브리티선사의 콘스텔레이션호(2005년 2월)

■ 여성전용 크루즈여행 :

- Olivia Cruises(캘리포니아)

그림 3-15 | 올리비아 크루드선

■ 금주자를 위한 크루즈여행 :

- Serenity Trips

그림 3-16 | 쏘버 세리브레이션사의 프리덤호

■ 각종 테마 크루즈

www.fieldingtravel.com(예술과 건축, 골프, 역사, 와인 식음, 음악, 엔터테인먼트 등과 일식과 월식, 지역축제, 새해맞이 등의 특별이벤트)

그림 3-17 | **2008 8월 21일~9월 2일 출항예정인 기독교 역사를 위한 홀랜드 아메리카 선사의 크루즈 목적지**

제2절 크루즈시장 동향 및 선박운항 현황

1. 세계와 아시아 및 국내 크루즈 동향

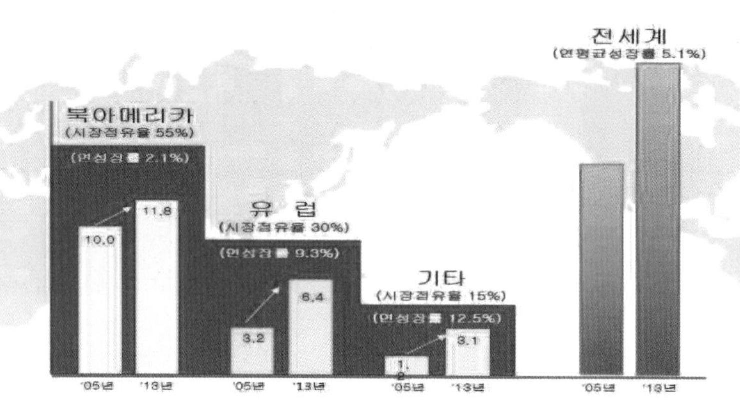

그림 3-18 | 세계 크루즈시장 점유율

크루즈시장 점유율은 북아메리카(55%)가 가장 높고, 다음이 유럽(30%), 그리고 기타 지역이 15%의 점유율을 보이고 있다. 크루즈 산업의 연간 성장률은 꾸준히 증가하고 있는 추세이다.

1) 아시아 크루즈시장의 성장

그림 3-19 | 아시아 지역의 크루즈시장 전망

아시아 지역의 크루즈 공급량은 연평균 20%씩 증가하고 있고, 크루즈 항해일 수 또한 연평균 16%씩 증가하고 있다. 이러한 추세로 보았을 때 크루즈 관광객 수는 2020년까지 현재의 5배가량 증가할 것으로 예상한다.

2) 중국의 크루즈시장

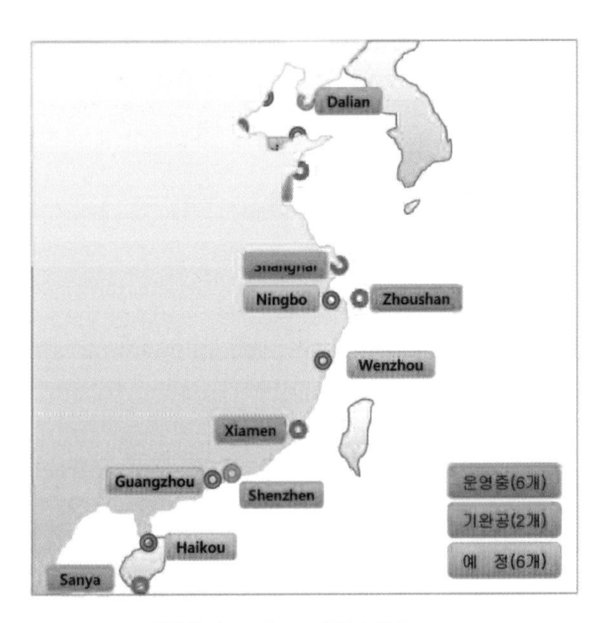

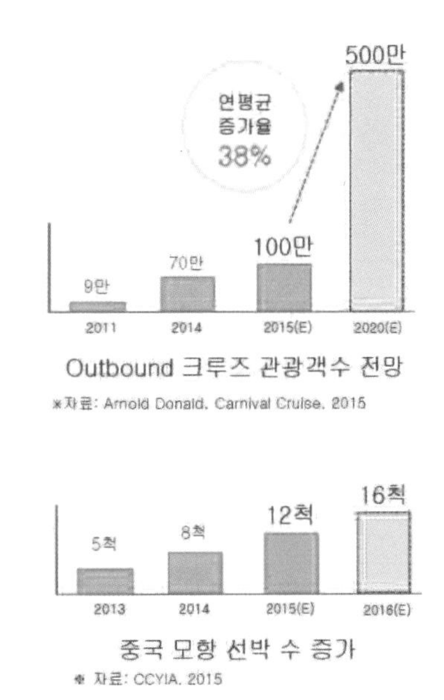

그림 3-20 | 중국의 크루즈시장 전망

중국을 모항으로 하는 선박의 수가 꾸준히 증가하고 있으며 2020년에는 중국으로부터 출항하는 크루즈 관광객 수는 500만으로 예상되고 있다.

3) 일본의 크루즈시장

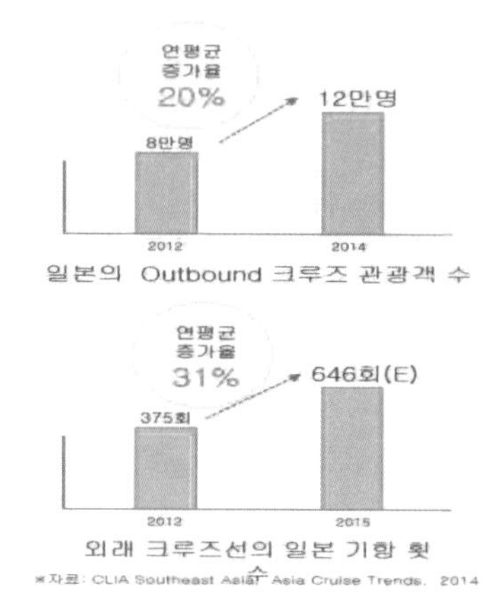

그림 3-21 | **일본의 크루즈시장 전망**

일본으로부터 출항하는 크루즈 관광객 수와 외래 크루즈선의 기항 횟수 모두 증가하고 있는 것으로 보아 일본 또한 크루즈시장이 꾸준히 성장하고 있다.

4) 한국의 크루즈시장

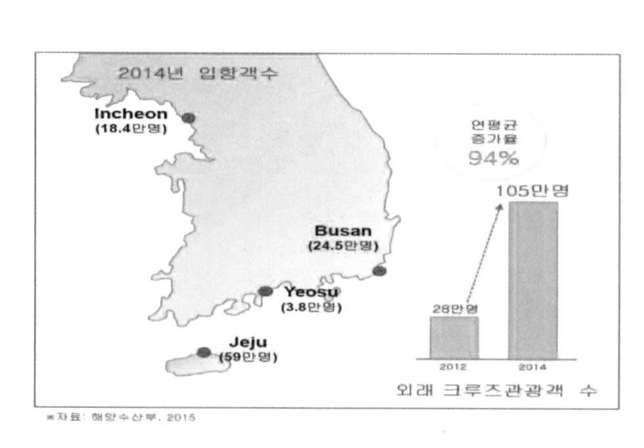

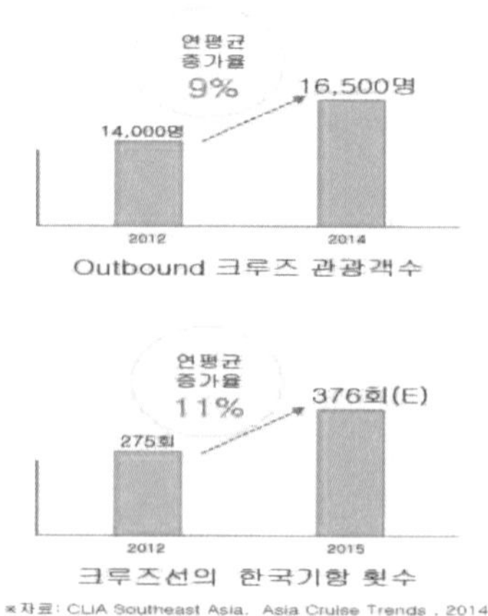

그림 3-22 | **한국의 크루즈시장 전망**

한국의 크루즈시장의 경우, 중국과 일본처럼 높은 성장을 이루지 못하고 있으나 꾸준히 증가하고 있다.

5) 주요 아시아국가 크루즈산업 동향

※자료: CLIA Southeast Asia, Asia Cruise Trends, 2014 자료 참조 연구자 작성

그림 3-23 | 주요 국가 동향

2. 크루즈선 건조계획

침체된 국내 조선경기 활력과 중장기 국내 조선소 신 성장동력 창출을 위해 단계적인 크루즈선 건조 역량이 필요하다. 외국선사인 카니발 크루즈가 8척, 로열 캐리비안 크루즈가 6척, MSC 등 9척, 총 23척이 2018년에 건조 예정이다.

CHAPTER_4

세계의 크루즈항과 터미널

CHAPTER

4 세계의 크루즈항과 터미널

제1절 세계의 주요 크루즈항

1. 세계의 주요 크루즈항

전 세계에 걸쳐 크루즈선박이 입항할 수 있는 항만의 현황을 보면, <표 4-1~6>과 같이 14개의 지역에 429개의 항이 있다. 북유럽과 발트해 지역에 127개, 지중해 지역에 75개, 카리브해와 멕시코만, 바하마 지역에 40개가 있다. 이들 세 지역이 전체 크루즈항의 절반이 넘는 56.4%를 차지하고 있다. 아시아에는 33개의 크루즈항이 있다.

2001년 아시아 태평양지역 크루즈승객의 교통량이 많았던 주요 크루즈 기항지는 동남아시아의 싱가포르, 말레이시아의 포트 클랑, 푸켓, 방콕·람차방 등이 있으며, 극동지역에는 홍콩과 후쿠오카, 남태평양지역에는 보라보라, 시드니 등이 있다. 가장 많은 크루즈선박이 기항한 싱가포르의 경우 기항횟수는 168회, 크루즈승객의 수는 약 23만 명이었다.

표 4-1 | **세계 크루즈항의 분포**

지역	No.
Alaska/Canada West	8
Asia	33
Australia/New Zealand/South Pacific	36
Bermuda	2
Black Sea	6
Caribbean/Gulf of Mexico/Bahamas	40
Great Lakes	1
Mediterranean	75
New England/Canada East/East Coast USA	21
North Atlantic	5
North Europe/Baltic	127
Red Sea/Middle East/Indian Ocean/East Africa	28
South America	26
West Coast USA/Mexico/Central America	21
Total	429

자료 : 이경모(2004), 『크루즈산업의 이해』

2. 세계의 10대 크루즈항 및 아시아 크루즈항 분석

크루즈여행 전문가들로부터 조사한 세계의 10대 크루즈항은 <표 4-2>와 같다.

세계의 주요 크루즈 기항지를 명성, 식도락, 모험, 오락, 낭만, 쇼핑의 항목을 중심으로 설문조사한 결과, 세계의 10대 크루즈항은 뉴욕, 샌프란시스코, 홍콩, 베니스, 뉴올리언스, 니스와 칸, 이스탄불, 갈라파고스, 방콕, 틸버리 순으로 조사되었다.

아시아의 주요 크루즈항으로는 동일한 평가기준을 적용한 결과 홍콩, 발리, 방콕, 싱가포르, 사이공, 요코하마, 상하이, 푸켓, 마닐라, 양곤, 타이베이, 쿠알라룸푸르, 톈진 등이 주요 항구로 조사되었다.

목적에 의한 분류에 따르면 화물선 겸용, 여객선 겸용, 요트 마리나 겸용항 등으로 분류할 수 있으며, 대부분 화물선 및 여객선 겸용 항구로서 경제성 측면에서 첨예한 경쟁을 하고 있다.

표 4-2 | 세계의 10대 항구

평가기준 / 순위	명성 (Exciting)	식도락 (Cuisine)	모험 (Adventure)	오락 (Entertainment)	낭만 (Romance)	쇼핑 (Shopping)	총 순위
1	New York	New Orleans	Galapagos Islands	New York	Venice	Hong Kong	New York
2	Hong Kong	New York	Istanbul	New Orleans	Mahe', Seychelles Islands	New York	San Francisco
3	San Francisco	San Francisco	New York	Los Angeles	Nice, Cannes, Monaco	Bangkok	Hong Kong
4	Venice	Hong Kong	San Francisco	San Francisco	Bali	Istanbul	Venice
5	New Orleans	Nice, Cannes, Monaco	Mahe', Seychelles Islands	Tilbury (London)	Portofino	Singapore	New Orleans
6	Nice, Cannes, Monaco	Bordeaux	Sydney	Buenos Aires	San Francisco	St. Thomas	Nice, Cannes, Monaco
7	Istanbul	Venice	Hong Kong	Rio de Janeiro	Santorini	Venice	Istanbul
8	Bangkok	Singapore	Venice	Sydney	Mykonos	Bali	Galapagos Islands
9	Buenos Aires	Livorno (Florence)	Tilbury (London)	Miami	Bermuda	Tilbury (London)	Bangkok
10	Tilbury (London)	Bangkok	Nice, Cannes, Monaco	Hong Kong	Quebec City	Livorno (Florence)	Tilbury (London)

자료 : Lloyd, Voyages, Harvey 참고 저자 재작성

여기에서 주목할 사항은 입지적으로 불리한 몇몇 항구는 크루즈와 요트마리나 겸용항구로 개발하여 크루즈여행의 비수기와 생산성 향상을 위한 노력으로 경쟁력을 갖추고 있다. 특히 니스와 칸 같은 입지가 불리한 항구들은 아름다운 자연경관과 함께 요트마리나항으로서의 아름다움을 가미하여 세계적인 크루즈 겸용항구로 발전하고 있다.

따라서 제주항의 향후 개발 콘셉트의 가장 중요한 개념은 내륙의 도시 중심지로부터 격리되어 있는 도서지역으로서의 불리한 점과 비수기 및 후발 항구로서의 낮은 인지도에 의한 약점을 보완하는 방법으로서 크루즈와 요트 겸용항구로의 개발이 효과적이라 할 수 있다.

표 4-3 | 아시아 크루즈항의 매력도

평가기준 순위	명성 (Exciting)	식도락 (Cuisine)	모험 (Adventure)	오락 (Entertainment)	낭만 (Romance)	쇼핑 (Shopping)	총 순위
1	Hong Kong	Hong Kong	Yokohama	Hong Kong	Hong Kong	Hong Kong	Hong Kong
2	Bali	Singapore	Bali	Bali	Bali	Singapore	Singapore
3	Bangkok	Bangkok	Saigon	Bangkok	Phuket	Bangkok	Yokohama
4	Singapore	Yokohama	Bangkok	Singapore	Singapor	Saigon	Bangkok
5	Saigon	Bali	Rangoon	Manila	Saigon	Yokohama	Shanghai
6	Yokohama	Taipei	Singapore	Saigon	Bangkok	Bali	Bali
7	Shanghai	Shanghai	Hong Kong	Yokohama	Shanghai	Shanghai	Phuket
8	Phuket	Saigon	Phuket	Phuket	Rangoon	Phuket	Saigon
9	Manila	Phuket	Tianjin	Taipei	Yokohama	Taipei	Manila
10	Rangoon	Tianjin	Shanghai	Shanghai	Taipei	Kualalumpur	Rangoon
11	Taipei	Kualalumpur	Manila	Kualalumpur	Kualalumpur	Manila	Taipei
12	Kualalumpur	Manila	Taipei	Rangoon	Manila	Rangoon	Kualalumpur
13	Tianjin	Rangoon	Kualalumpur	Tianjin	Tianjin	Tianjin	Tianjin

자료 : Lloyd, Voyages, Harvey 참고 저자 재작성

제2절 세계의 주요 크루즈항과 터미널

1. 크루즈터미널의 시설

터미널이 갖추어야 할 기본시설에는 CIQ시설, 선사 데스크, 승객대기실, 수화물처리시설, 갱웨이(Gangway) 등이 있다. 그리고 승객을 위한 편의시설에는 스낵바와 같은 식음료 판매시설과 공항터미널과 같은 안내전광판 시스템, 면세점, 은행, 환전소, 우체국과 같은 시설이 있다. 그 외에 선박의 접안시설, 에이프런(Apron), 지게차, 마리나와 같은 항만시설과 CIQ 관련 사무소, 항만청 사무소, 경찰서 등의 행정시설이 있을 수 있다. 그 외 유관시설로는 환영 및 환송 데크, 버스나 택시가 대기할 수 있는 정거장, 컨퍼런스시설, 극장과 같은 위락시설, 쇼핑센터 등이 있다.

표 4-4 | 크루즈터미널의 일반시설

터미널 기본시설	• CIQ시설 • 선사 데스크(수화물 체크인) • 승객대기실(수속 전) • 주차시설 • 엘리베이터 · 에스컬레이터 · 장애인을 위한 트래벌레이터 • 배기지 컨베이어 벨트(Baggage Conveyor Belt) • 무료 배기지 트롤리(Baggage Trolleys) • 승선 전 대기라운지(수속 후) • 입항 후 배기지 클레임 홀(Baggage Claim Hall) • 갱웨이(터미널과 선박 연결용)	
승객 편의시설	• 스낵바 또는 식음료 판매시설 • 흡연라운지 • VIP 라운지 • 안내전광판 시스템 • 유료로커 • 우체국	• 약국 • 전화(국내 및 국제) • 기념품점 · 면세점 • 관광안내소 • 은행 또는 환전소

자료 : 이경모(2004), 『크루즈산업의 이해』

표 4-5 | 크루즈터미널의 기타 시설

기타 시설	항만시설	• 접안시설 • 에이프런	• 지게차 • 마리나
	행정시설	• CIQ관련 사무소 • 항만청 사무소	• 경찰사무소
	유관시설	• 호텔 • 환영 · 환송용 야외데크 • 대형 택시 스탠드 • 여행사데스크	• 선박대리점사무실 • 컨퍼런스시설 • 극장 · 위락시설 • 쇼핑센터

자료 : 이경모(2004), 『크루즈산업의 이해』

2. 크루즈터미널의 개발사례 분석

1) 일반적 필요사항

아래의 필요사항은 1990년 샌프란시스코항 터미널 건설사 및 크루즈 전용터미널 건설 전문가들의 인터뷰와 분석에서 나온 것이다.

1998년에는 크루즈사업 전문가들과의 집중적인 회의와 토론에 의하여 수집되었다. 그리고 크루즈 전용터미널의 입주예정 크루즈선사와 서비스 제공자들에 의해서 재점검된 것이다. 이러한 결과를 중심으로 샌프란시스코의 새로운 크루즈 전용터미널의 효과적이고 편리하며 성공적인 건설을 위해서 아래의 필요사항들이 제시되었다.

(1) 크루즈선과 예인선의 기동에 적절한 공간의 선석

적어도 1,000ft(약 304.8m)의 선석길이와 35ft(약 10.7m) 깊이의 2개의 선석이 필요하며, 가능한 준설이 필요 없으면서 크루즈선이나 예인선의 기동이 안전하고 쉬워야 한다. 그리고 보다 쉽게 접안하고 기동할 수 있는 해안선과 평행의 선석이 필요하다.

(2) 도크면(Dockside)의 시설은 하역과 서비스와 선박의 재접안에 안전하고 효과적일 것

최소 50ft(약 15.2m) 폭인 에이프런, 차량에 직접 접근할 수 있는 차로, 1,200ft²(약 33.7평)의 승객 통로, 다리, 2개의 선박에 동시에 사용할 수 있는 4개의 가변형 갱웨이, 안전하고 덮개가 있는 창고지역, 선박을 위한 효과적인 결박장치 등이 필요하다.

(3) 터미널 빌딩

최대 80,000ft²(약 2,248평)의 2층 터미널 빌딩이 필요하며, 이 터미널 빌딩에는 승객체크인, 대기실 등이 구비되어 있어야 하고, 세관 심사대, 수화물체크, 정보센터와 함께 공중화장실과 같은 편의시설이 갖추어져 있어야 한다.

(4) 보안

미국 연안 경비대의 요구에 따른 독립적이고 보안장치가 되어 있는 회의실이 구비되어야 한다.

(5) 차량 유통로

25대의 버스, 20대의 택시와 리무진, 트럭 승하차가 가능한 승객 승하차 지역, 약 7,000ft²(약 197평)의 개인 승용차 승·하차 지역과 최소 250명의 승객을 위한 수차시설 등이 필요하다.

(6) 주요 생산유발을 위한 공간

터미널 건설비용을 지원하며 선박이 항구에 정박하지 않을 때, 터미널의 활기를 유지할 수 있도록 다목적으로 활용할 수 있는 공간이 있어야 한다.

(7) 대중과의 접근이 용이한 열린 공간의 확보

송영객들을 위한 공간을 포함한 대중의 접근이 용이한 열린 공간을 확보해야 한다.

(8) 관광지와 공항과의 접근성

지역 또는 지방의 관광지와 공항 간의 편리한 접근성이 장점인 새로운 터미널의 비용은 2~3억 달러로 추정된다. 실제의 터미널 비용은 시설의 실제크기와 모습, 준설, 규모, 피어, 재시공 등에 따라 다르다.

이상의 필요사항에 대한 이해를 위하여, 밴쿠버(Canada Place)의 크루즈터미널, 스칸디나비아센터, 블랙 팔콘(Black Falcon) 크루즈터미널의 사례를 비교하였다. 이들 3개의 크루즈터미널은 대형(Canada Place), 중형(Scandinavian Center), 소규모(Black Falcon)의 크루즈 전용터미널의 사례로 크루즈터미널이 필요한 다른 도시들에게 적합하고 유용한 예를 제공한다.

2) 중국의 크루즈터미널

중국은 일찌감치 바다의 중요성을 인지하고 크루즈시장을 넓혀 왔다. 그 결과 중국 동해안에는 세계적 규모의 크루즈터미널들이 건설되었고, 권위 있는 크루즈선사들이 속속 모항으로 이용하고 있다. 중국의 대표적인 크루즈터미널은 <표 4-6>과 같다.

표 4-6 | **중국의 대표적인 크루즈터미널**

구분 터미널		내용	사진
톈진 국제크루즈 터미널	위치	톈진직할시	
	접안규모	크루즈선 6대 동시 입항 가능 총 선석 길이 : 2,000m	
	특이사항	50만 명의 승객유치 가능 코스타 크르즈와 로열 캐리비안의 모항. 2010년 6월 26일 운영 시작	
산야 국제크루즈 터미널	위치	하이난섬	
	접안규모	기존의 10만 톤급에서 25만 톤급 규모의 크루즈터미널 건설 중 선석 길이 : 370m	
	특이사항	2006년 11월 운영 시작	
샤먼 국제크루즈 터미널	위치	푸젠성	
	접안규모	14만 톤급 크루즈선 입항 가능. 선석 길이 : 463m 이상	
	특이사항	2008년 6월 28일 운영 시작	
상하이 국제크루즈 터미널	위치	상하이직할시	
	접안규모	우송커우 국제터미널 완공으로 10만 톤급과 20만 톤급 동시접안 가능	
	특이사항	2010년 6월 말 운영 시작	
칭다오 국제크루즈 터미널	위치	산동성	
	접안규모	2010년 10월 2일 중국 북쪽지역 최대규모로 건설 계획 발표	
	특이사항	주요시설로는 수하물 사무실, 면세점, 식당, 우체국 등이 있음	
대련 국제크루즈 터미널	위치	요녕성	
	접안규모	13만 톤급 크루즈선 입항 가능한 선석 5개	
	특이사항	2004년 8월 운영 시작	
진황도 터미널	위치	화북성	
	접안규모	2개의 10만 톤급 부두를 가지고 있음	
	특이사항	2006년 3월 말 개보수 후 운영 시작	
선전 국제크루즈 터미널	위치	광둥성	
	접안규모	15만 톤급 입항 가능	
	특이사항	1981년 완공. 현재 2011–2020 선전개발계획에 따라 새로운 크루즈터미널 구상	

3) 밴쿠버 캐나다 플레이스(Canada Place)

캐나다 플레이스는 아주 적극적인 해안 개발의 결과로 태어난 현대적 크루즈터미널로서 공공 편의시설 제공과 사계절 관광지로서의 개발 모형을 보여주는 아주 훌륭한 사례이다. 이 항구는 시민들과 일반관광객들이 사계절 관광지로서 잘 활용할 수 있는 성공적인 위치로 시내 중심부에서 도보로 접근할 수 있는 접근성이 뛰어난 항구이다.

표 4-7 | 캐나다 플레이스의 현재 시설과 증축 계획

실내부지			
	현재시설	증축 예정	총 증축
크루즈터미널	176,000ft² (4,945평)	190,000ft² (5,339평)	366,000ft² (10,284평)
하역시설	31,000ft² (871평)	–	31,000ft² (871평)
버스터미널	11대	33대	44대
무역과 컨벤션센터	280,000ft² (7,868평)	483,000ft² (13,572평)	763,000ft² (21,440평)
호텔(사무공간 포함 4층 규모)	500실	1,050실의 호텔	1,550실
상가	58,000ft² (1,629평) 영화관, 레스토랑 포함	182,000ft² (5,114평)	240,000(ft² 6,743평)
오락시설	–	80,000ft² (2,248평)	80,000ft² (2,248평)

옥외부지			
	현재시설	증축 예정	총 증축
3개의 선석	선석 1 : 1,030ft(314m) 선석 2 : 1,070ft(326m) 선석 3 : 443(1ft35m)	선석 3 : 600(ft182m)	선석 1 : 1,030ft(314m) 선석 2 : 1,070(ft326m) 선석 3 : 1,043ft(317m)
주차	750구역	1,100구역	1,850구역
일반출입공간	2.24acres(2,742평)	7.41acres(9,071평)	9.65acres(11,813평)

자료 : 저자 작성

캐나다 플레이스는 1997년에 약 300척의 크루즈선과 81만 7천 명의 승객이 방문하였다. 이 항구의 전체면적은 180만 평방피트(약 50,580평)이고, 터미널 시설면적은 17만 5천 평방피트(4,917평)이다. 그 밖에 터미널에는 컨벤션센터, 500개 객실 규모의 호텔, 아이맥스 영화관, 750대의 차량이 주차할 수 있는 주차장시설을 갖추고 있다. 부속시설로는 광장, 산책로, 상가와 식당가 등이 있다.

샌프란시스코는 캐나다 플레이스처럼 대형 크루즈터미널을 필요로 하지 않는다. 여객서비스법의 변화에 기초하여 밴쿠버항처럼 매년 많은 크루즈선박을 받지 않을 것이다. 그러나 캐나다 플레이스는 승객 편의시설을 갖춘 성공적인 모항 크루즈터미널의 중요한 모델로서 샌프란시스코의 성공모델이 되고 있다. 실제로 캐나다 플레이스는 승객들에게 필요한 주차공간, 하역공간 등을 제공하며, 일반인의 출입과 관람이 가능하고, 승객 휴게실과 대기장소의 공간을 마련해 두고 있다. 또한 호텔, 레스토랑, 상가 등을 터미널 안에서 쉽게 이용할 수 있는 이점이 있다.

캐나다 플레이스 전경

캐나가 플레이스의 정박 모습

캐나ㄱ다 플레이스 전경 ①

캐나다 플레이스 전경 ②

그림 4-1 | 캐나다 플레이스 전경(1)

캐나다 플레이스와 발렌타인 터미널 ①

캐나다 플레이스와 발렌타인 터미널 ②

발렌타인 크루즈항 전경

발렌타인 터미널

그림 4-2 | 캐나다 플레이스 전경(2)

4) 스칸디나비아센터(Scandinavia Center)

1990년에 피어(Pier) 30, 32에 건설예정이었던 크루즈터미널은 샌프란시스코의 현대적 크루즈터미널을 위해서 적당한 크기로 비교되었다. 공사비용 1억 9천6백만 달러로 하루 평균 최대 수용인원인 6천 명의 승객을 처리할 수 있는 10만ft²(2,810평)의 다목적항을 개발할 계획이었다. 그러나 이 프로젝트는 자금부족으로 실패하게 되었다. <표 4-8>은 크루즈터미널의 공간계획을 요약한 것이다.

표 4-8 | 스칸디나비아센터 공간계획

용 도	크 기
선석	
선석의 수	2
선석 길이	1,000ft(305m)
선석 길이	900ft(274m)
옥외지역	
승하차장	7,000ft² (196평)
버스대기	15구역
용도	크 기
택시대기실	20구역
에이프런(폭)	55ft(16.7m)
주차	
장기 주차장	없음
단기 주차장	250구역
크루즈터미널 직원 주차장	50구역
옥내지역	
승객 체크인	16,500ft² (464평)
승객 대기장소	46,500ft² (1,307평)
통관사무실	2,000ft² (56평)
세관 출입국 심사지역	1,600ft² (45평)
사무창고	11,60ft² 0(326평)
선박창고	8,500ft² (239평)
터미널 하역장	13,300ft² (374평)
총 옥내 합계	100,000ft² (2,810평)

자료 : 스칸디나비아 센터(Scandinavia Center, Inc.,) 1990

5) 블랙 팔콘 터미널(Boston's Black Falcon Terminal)

보스턴의 블랙 팔콘 터미널의 시설은 문제가 조금 있지만 샌프란시스코의 좋은 토지 이용모델이기 때문에 크루즈여행의 비수기에 터미널을 마케팅하는 데 있어 흥미로운 사례를 제공해 주고 있다.

팔콘 크루즈터미널 시설과 정박

팔콘 크루즈터미널의 전경

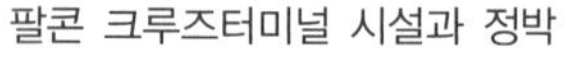

그림 4-3 | 보스턴 블랙 팔콘 터미널

블랙 팔콘 터미널은 보스턴시내 중심지로부터 1마일 거리에 위치하고 있다. 이 터미널은 19,000ft²(534평)의 크기에 연간 62척의 크루즈선 기항지이다. 이 터미널은 방문객 정보센터, 여객 휴게시설, 통관, 수화물 처리, 지상교통, 승객 승하차장 등의 공간을 확보하고 있다. 부속시설로는 실내 주차장과 1,100구역의 옥외 유료주차장이 있다. 최근에 이 터미널의 상업적 활용을 위하여 확장계획을 세우고 있다. 이 크루즈터미널은 크루즈 여행 비수기에 무역전시회, 국제회의, 1,500개의 그룹이 특별한 이벤트 파티의 유치를 위하여 이벤트장소로서 적극적으로 홍보하고 있다.

보스턴은 대규모 이벤트와 파티장소가 부족한 것에 비해 블랙 팔콘 터미널은 생동감 있고, 경관이 훌륭하여 이와 같은 활동에 적합할 것으로 판단되고 있다. 또한 이 크루즈 터미널은 뮤직비디오, 패션쇼, 영화촬영 등의 장소로서 홍보되고 있다.

블랙 팔콘 터미널은 크루즈선이 항구에 방문하지 않는 비수기에 살아 있는 공간으로서 크루즈터미널을 활용하는 성공적인 사례를 샌프란시스코에 보여주고 있다.

최근 블랙 팔콘 터미널은 캐나다 연안과 대서양에서 카리브해로 가는 크루즈선의 주요 출발항으로 발전하고 있으며, 한 해에 100척의 크루즈선과 225,000명의 승객을 처리하고 있다.

3. 크루즈터미널의 건설기준

1) 크루즈터미널 겸 목적 사용 사례

(1) 호텔과 겸용

그림 4-4 | 블랙 팔콘 크루즈터미널

표 4-9 | 블랙 팔콘 크루즈터미널

면적	19,000(ft² 약 534평)
연간 기항지 이용 선박	62척
주차장	1,100구역
이용시설	정보센터, 여객 휴게시설, 통관, 수화물 처리, 지상교통, 승객 승하차장

(2) 상가와 겸용

오션 터미널이 위치해 있는 구룡반도 최남단은 대규모의 하버 시티 복합시설(Harbour City Complex)로 이루어져 있다. [그림 4-5]의 아래 그림에서 보는 바와 같이 A구역에는 고급의류상가와 각종 오락시설, 극장, 음식점, 그리고 금융시설 등이 들어서 있고, B구역은 젊은 연령층을 대상으로 하는 패션의류상가와 전자상가, 가구 및 생활용품점들이 입점해 있는 쇼핑몰이다. 오션터미널은 5층 높이의 건물로서 1층부터 3층까지는 쇼핑몰이 형성되어 있고, 4층과 5층은 주차장으로 설계되어 있다. D구역에는 보석상가, 중국 전통수공예품, 골동품을 판매하는 상점들이 위치해 있다.

그림 4-5 | **홍콩 오션 터미널**

표 4-10 | **하버 시티 시설 현황**

구분	시설
Zone A (Harbour City)	• 고급의류상가, 오락시설, 극장 5개, 음식점, 은행
Zone B (Ocean Centre)	• 패션의류상가, 전자상가, 가구 및 생활용품점
Zone C (Ocean Terminal : 58m×305m)	• Marine Deck : 어린이용 오락시설 • Deck 1 & 2 : 고급의류상가 가구 및 생활용품점 식당 • 4층, 5층 : 주차장
Zone D (The Marco Polo Hongkong Hotel Arcade)	• 남성의류, 보석상가, 중국전통 수공예품, 골동품점

(3) 대규모 복합터미널

그림 4-6 | **캐나다 플레이스**

표 4-11 | 캐나다 플레이스

주요시설	
크루즈터미널	176,000ft² (4,945평)
하역시설	31,000ft² (871평)
버스터미널	11대
무역과 컨벤션센터	280,00ft² 0(7,868평)
호텔(사무공간 포함 4층 규모)	500실
상가	58,000(ft² 1,629평) 영화관, 레스토랑 포함
3개의 선석	• 선석 1 : 1,030′ (314m) • 선석 2 : 1,070′ (326m) • 선석 3 : 443′ (135m)
주차	750구역
일반출입공간	2.24acres(2,742평)

(4) 소규모 복합터미널

그림 4-7 | 싱가폴 국제여객터미널

표 4-12 | **싱가폴 국제여객터미널 서비스**

크루즈 여객선을 위한 서비스	승객을 위한 서비스
• 공조시스템을 갖춘 출발, 도착홀 • 터미널과 선박의 연결 브리지 • 승객 갱웨이 • 수화물 컨베이어벨트 • 지게차 • 담수 공급 파이프라인 • 선박과 터미널 간의 전화시설 • 수화물 컨베이어 • 트래벌레이터 • 장애인시설	• 전자보관실 • 리무진택시 • 무임 수화물 트롤리 • 면세점 • 음식점 • 환전소 • 은행 • 편의점 • 약국 • 우체국 • 한방병원, 병원

2) 주요시설 기준

(1) 에이프런

에이프런은 터미널 건물과 항구에 접안한 선박 사이의 유휴공간으로 여러 가지 작업 및 환영행사 등으로 유용하게 쓰이는 공간이다.

최소 15.2m이고(산업표준 15.24m), 스칸디나비아센터 크루즈터미널 에이프런은 55ft(약 16.7m)이다.

런던 크루즈터미널 에이프런

시드니 크루즈터미널 에이프런

밴쿠버 캐나다 플레이스 에이프런

인터네이션 페리터미널(Internation Ferry Terminal)

그림 4-8 | **에이프런**

(2) 선석 길이

항만 시설물설계 부두길이 기준에 의하면 선 수미 호수 구멍에서 부두의 계선까지의 거리공식은 L=(선박의 반폭+1m)tan60"이다. 따라서 총 톤수 8만 톤급 크루즈선박부두의 최소길이는 선박길이(300m)+계선거리(300+29+29) 약 360m이다.

표 4-13 | **계산표**

전장	선폭	흘수	총 톤수	소요 부두길이
LOA 300m	B 33m	d 8m	G/T 80,000	360m
LOA 200m	B 29m	d 7.5m	G/T 40,000	260m

(3) 갱웨이

갱웨이(Gangway)는 크루즈선박과 터미널시설을 연결하는 통로를 의미한다. 이러한 갱웨이는 원활한 이동을 위하여 최대 4개의 가변형 갱웨이가 필요하다. 이동식 갱웨이일 경우 경제성 측면에서 최소 2개의 갱웨이가 가능하다.

시드니 크루즈터미널 갱웨이

홍콩 오션 크루즈터미널 갱웨이

런던 크루즈터미널 갱웨이 ①

런던 크루즈터미널 갱웨이 ②

그림 4-9 | 갱웨이

(4) 돌핀

돌핀(Dolphin)은 선박의 정박을 위한 로프를 고정시키는 시설이다. 이러한 설비는 선박의 하중에 대한 적절한 내구성과 간격을 고려하여 설치한다. 특히 시드니항과 같은 전통적인 형태와 밴쿠버항과 같이 미와 실용성을 겸비한 형태로 볼 수 있다. 또한 말레이시아와 같이 이동식 돌핀시설도 주목할 필요가 있다.

시드니 크루즈터미널 돌핀

밴쿠버 캐나다 플레이스 터미널 돌핀

그림 4-10 | **돌핀**

(5) 펜더

펜더(Fender)는 부두 안벽과 선박의 충돌에 의한 손상을 방지하기 위한 시설로서 선석 안벽 고정형 펜더와 이동형 펜더, 공모양의 구형 펜더가 있다.

그림 4-11 | **선석 안벽 고정형 펜더**

그림 4-12 | **이동형 펜더(밴쿠버 캐나다 플레이스 터미널)**

(6) 터미널

- 스칸디나비아센터의 경우 약 2,248평의 2층 터미널로서 600명 정도의 승객을 처리할 수 있고 보스턴 블랙 팔콘 터미널은 1만 9천ft² (약 534평)로 연간 62척 처리가 가능하다.
- 엘리베이터, 에스컬레이터, 트래벌레이터

그림 4-13 | **캐너버럴항 크루즈터미널 내부**

(7) CIQ시설 및 관련 사무소 면적

CIQ시설은 세관과 크루즈선사 모두 만족할 만한 규모여야 한다. 스칸디나비아센터 크루즈터미널의 경우 <표 4-14>와 같이 총 10만 ft²(약 2,810평)의 크기이다.

표 4-14 | 스칸디나비아 크루즈센터 터미널 크기

구분	면적
승객 체크인	16,500ft² (464평)
승객 대기장소	46,500ft² (1,307평)
통관 사무실	2,000ft² (56평)
세관 출입국 심사지역	1,600ft² (45평)
사무 창고	11,600ft² (326평)
선박 창고	8,500ft² (239평)
터미널 하역장	13,300ft² (374평)
총 옥내 합계	100,000ft² (2,810평)

그림 4-14 | 싱가포르 크루즈센터

(8) 수화물 컨베이어벨트

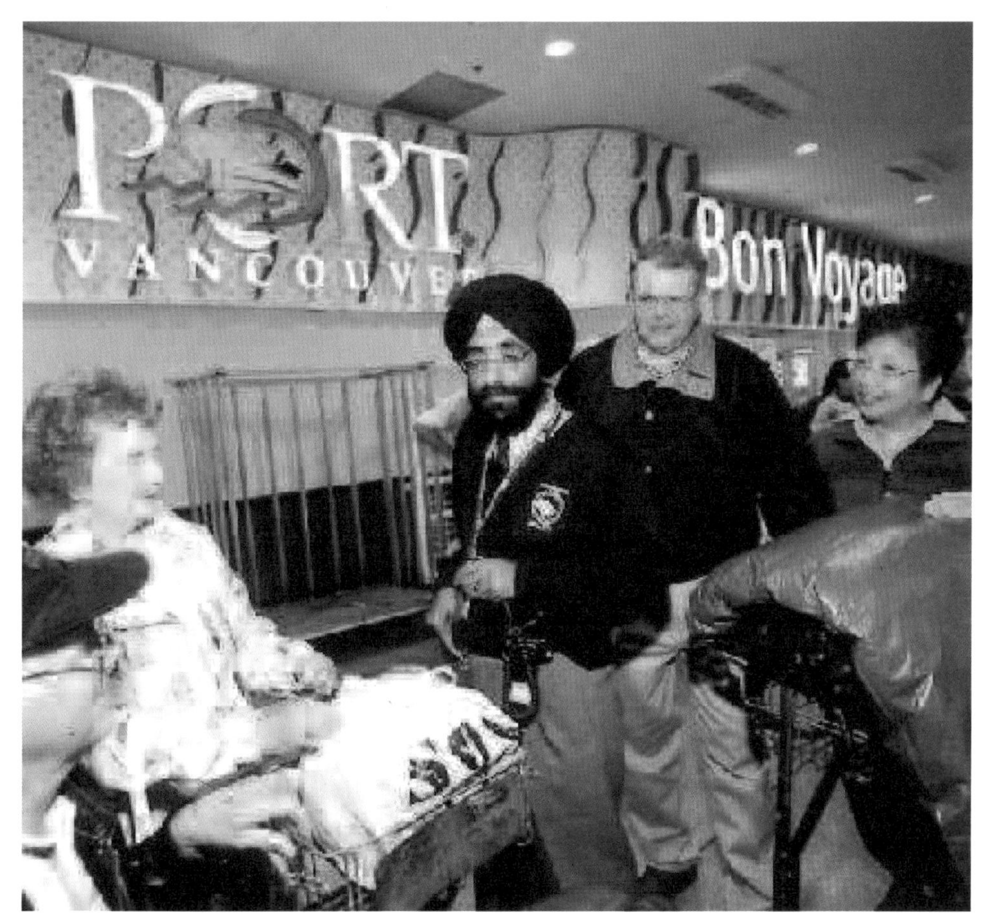

그림 4-15 | 밴쿠버 캐나다 플레이스 터미널

(9) 환경오염 방지시설

해운상 오염은 재난에 의한 원유 운반선의 사고나 선박운항 중 기름 누출 등에 의해 발생한다고 생각되어 왔다. 1970년대 이후부터 바다의 오염문제를 전 세계가 차츰 인식했으나, 그 규제나 문제해결 등은 근본적으로 고려되지 않았다. 배에서 나온 폐기물을 방출하고, 오수, 쓰레기들, 그리고 화학제품을 운반하는 선박, 컨테이너로 운반되는 위험성 물질의 노출 등으로 환경이 파괴되어 왔던 것이다.

1990년 초까지도 오염의 원인으로서 선박 자체를 충분히 고려하지 않았다. 그러나 그 후부터 첫 번째로 공기오염에 이어, 방오 페인트 그리고 밸러스트 워터가 해운오염의 주요 원인으로 부각되었다. 해상운송을 환경적인 쟁점의 넓은 범주로 관련시켜 현재 알려지게 되었다(그림 4-16 참조).

하수, 오수, 쓰레기, 배기의 배출, 휘발성 혼합물, 오존파괴가 문제되는 클로로플루오르카본과 소화기용 소화제로 많이 사용되는 할론가스 등 대부분 육지에 기초한 환경문제의 관심사도 해상운항과 연관되어 있다. 그러나 이런 것 이외에 항해 중인 배에서는 선체의 손상과 연료오일 또는 화물로부터의 오염물질 유실, 밸러스트 워터로 인한 살아있는 미생물의 전이와 화학적 오염, 배 밑에 부착물이 엉겨붙어 생명파괴로 이어지는 선체의 도료와 같은 문제가 대두되고 있다.

오염을 발생시키는 선박은 환경적 영향의 범위와 연관되고 지역적, 전 세계적인 환경단체의 관심사가 될 수 있다. 모든 배의 라이프사이클 동안의 활동범위는 건조에서부터 폐기될 때까지 환경에 영향을 준다.

[그림 4-16]은 선박운항 중 환경오염에 영향을 줄 수 있는 물질의 종류 및 범위를 나타내고 있다.

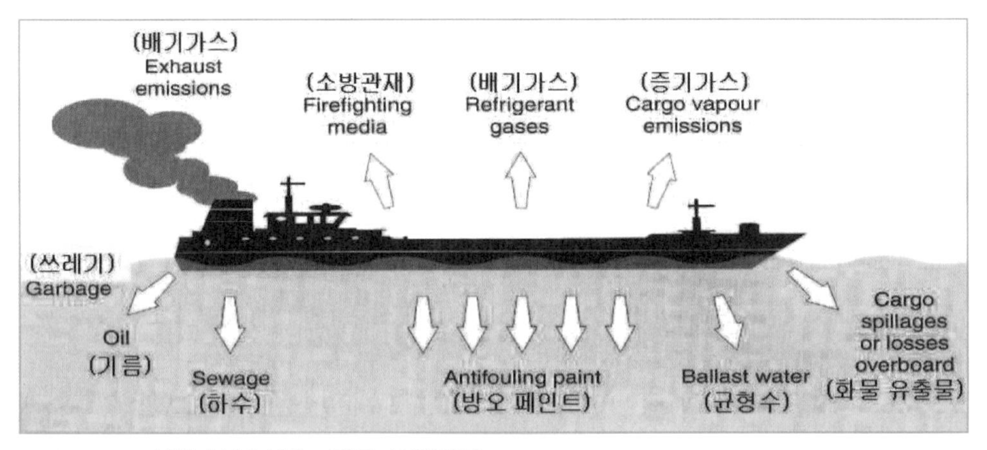

그림 4-16 | **선박에서 나오는 각종 오염물질**

니스 크루즈항의 사례를 보면 25m³와 14m³의 쓰레기처리 컨테이너와 오염된 물과 하수처리시설이 되어 있다.

그림 4-17 | **니스 크루즈항**

3) 편의시설

(1) 승·하차 공간

25대의 버스, 20대의 택시와 리무진 가능(터미널 내에서 버스가 회전 가능할 것)

시드니 크루즈터미널 승·하차장

밴쿠버 캐나다 플레이스 터미널 하차장

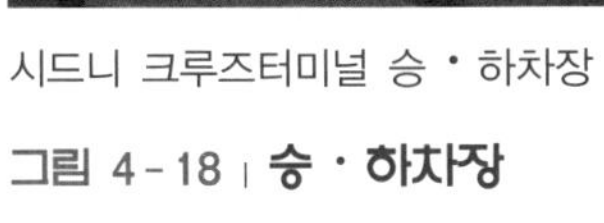

그림 4-18 | **승·하차장**

(2) 주차장

최소 197평의 개인 승용차 승·하차 지역과 250명 수용규모의 주차시설

밴쿠버 캐나다 플레이스 터미널 주차장 입구 ①

밴쿠버 캐나다 플레이스 터미널 내 주차장

그림 4-19 | 캐나다 플레이스 터미널 주차장

(3) 화장실, 인터넷카페, 도서관

그림 4-20 | **인터넷 카페 및 도서관**

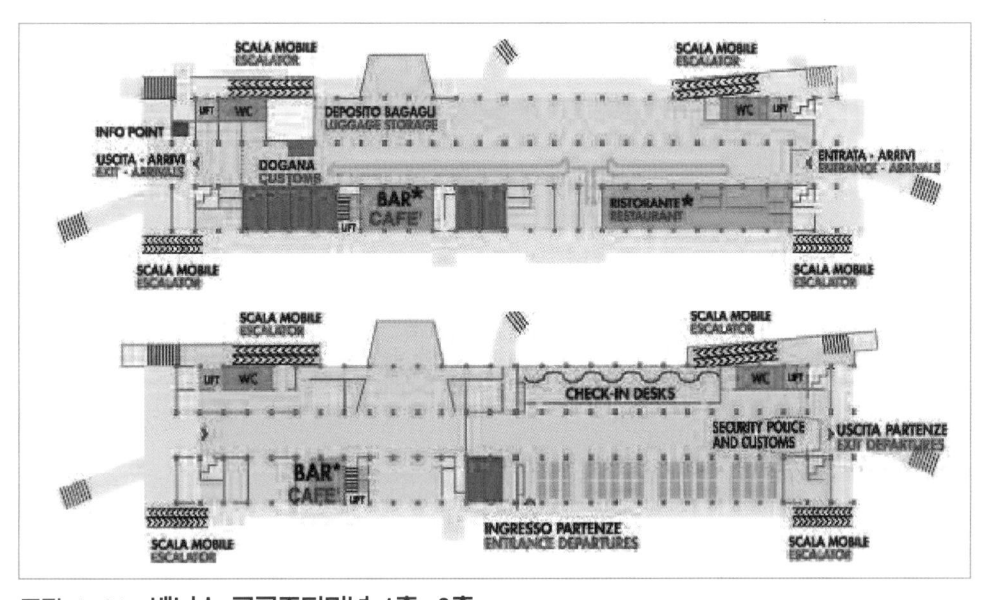

그림 4-21 | **베니스 크루즈터미널 1층, 2층**

(4) 관광정보센터

그림 4-22 | **밴쿠버 캐나다 플레이스 터미널**

(5) Baggage Trolleys

그림 4-23 | **영국 런던 크루즈터미널**

(6) 승선 전·후 대기 라운지

그림 4-24 | **시드니 크루즈터미널**

그림 4-25 | **홍콩 오션 터미널**

(7) 우체국, 약국, 환전소(은행)

그림 4-26 | **밴쿠버 캐나다 플레이스 터미널**

(8) 면세점

그림 4-27 | **면세점**

(9) 환영 · 환송장

동경 하루미 터미널의 환영 · 환송 데크

밴쿠버 캐나다 플레이스 터미널

그림 4-28 | **환영 · 환송장**

(10) 극장

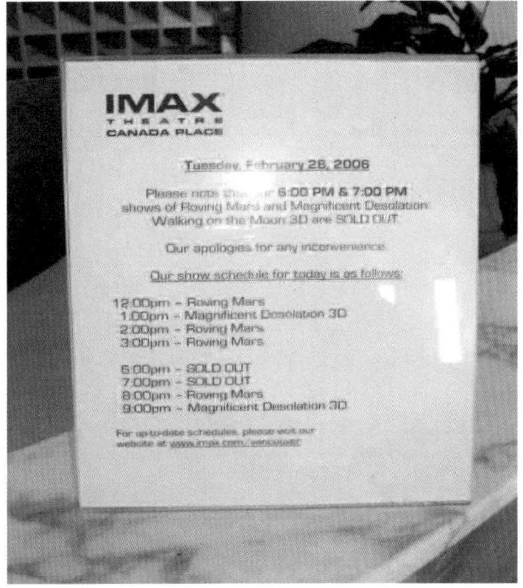

그림 4-29 | **밴쿠버 캐나다 플레이스 터미널 아이맥스 영화관**

4) 권장시설

(1) 주요 생산유발 공간의 확보: 전시장

그림 4-30 | **밴쿠버 캐나다 플레이스 터미널의 생산유발 시설들**

(2) 용수공급 파이프라인

그림 4-31 | 시드니 크루즈터미널

(3) 정비 및 수리시설(충전소)

그림 4-32 | 시드니 써큘러 키(Circular Quay) 크루즈터미널 정박 수리소 및 충전소

(4) 용품 공급

그림 4-33 | 사우스햄튼 크루즈터미널

(5) 부품 및 요트 관련 장비 백화점

그림 4-34 | 시드니 부품 백화점

(6) 흡연 및 라운지

그림 4-35 | 시드니 크루즈터미널

(7) 해상 주유소 및 주유선

그림 4-36 | 시드니 크루즈터미널

제3절 국내외 크루즈터미널 현황

1. 국내 크루즈 항만시설 현황

크루즈 전용터미널은 크루즈 항만시설, 국제여객터미널 등의 용어로 불린다. CIQ 시설을 포함한 크루즈 기능시설이 완비된 크루즈선 전용터미널은 현재 부산 동삼동의 국제크루즈터미널 1개소이다.

국내 대표적인 항구도시인 부산, 인천, 제주를 포함하여 여수항, 속초항, 울산항 등을 통해 비정기적으로 크루즈선이 입항 중이다.

크루즈선의 입항이 대부분 부산항, 인천항, 제주항, 여수항을 중심으로 이루어지고 있다.

1) 부산

그림 4-37 | 부산 국제크루즈터미널

2007년 부산시 영도구 동삼동에 선석길이 360m, 연안 수심 12m의 크루즈부두 1선석(8만 톤)과 여객출입국심사장비, CIQ시설, 각종 편의시설을 갖춘 크루즈 전용터미널이 개장한다.

'복합항만지구'에 2014년 말 완공된 국제여객터미널은 지상 5층, 연면적 9만 2945 m^2 규모로 입·출국장과 대합실, 세관, 검역기관, 차량통관장, 면세점, 편의시설 등 다양한 부대시설을 갖추고 있다.

크루즈터미널과 함께 조성되는 크루즈부두는 기존의 북항 4부두를 360m로 연장하여 10만 톤급의 크루즈가 접안할 수 있도록 설계된다. 크루즈선 10만 톤급 1선석, 카페리선 2만 톤급 5선석 등 총 14개 선석이 조성되고 있다. 해외 크루즈선박들을 유치하기 위해 기존에 운영되고 있는 동삼동 크루즈부두의 규모를 8만 톤에서 20만 톤 이상의 규모로 확대할 계획이다.

2) 인천

그림 4-38 | **송도 국제여객터미널 조감도**

인천항은 국제크루즈 전용부두 및 크루즈터미널이 없으므로 인천항의 컨테이너부두 또는 잡화부두에 접안하고, 대부분 승객들은 제2국제여객선터미널로 이동하여 입항하고 있다.

인천 남항에 사업비 5,569억 원을 투입해 2016년 말까지 연면적 52,000㎡ 규모의 국제여객터미널 1동을 비롯하여 기반시설 및 운영설비 등이 조성될 예정이다.

국제여객터미널과 함께 조성되는 국제여객부두 및 터미널크루즈부두는 15만 톤의 크루즈선박과 카페리선 등 8척이 동시 접안 가능한 규모로 조성될 예정이다.

안벽 길이 1,280m, 호안 1,648m, 준설매립 1,035만 4,000㎥ 규모이다.

3) 제주

그림 4-39 | **제주항 국제여객터미널 조감도**

2011년 제주 외항의 8부두에 8만 톤급(14만 톤까지 접안이 가능)의 크루즈가 접안할 수 있도록 선석길이 360m, 수심 12m의 크루즈부두 1선석이 운영되고 있다.

제주항은 1일 2척의 크루즈가 동시접안을 할 경우를 대비하여 2013년 예비선석으로 조성되어 있는 제주외항 서방파제(길이 306m, 수심 11.5m 구간)에 각종 공사 등을 마치고 대형 크루즈선이 접안할 수 있도록 하였다.

제주항은 아직 국제여객터미널이 조성되지 않았기 때문에 화장실, 면세품인도장, 관광안내센터 등의 편의시설 및 기타 시설들을 대처할 수 있는 임시시설을 설치, 운영 중이다.

제주도는 2015년 말까지 지상 2층, 연면적 9,855㎡ 규모의 세관 · 검역 · 출입국관리사무소, 대합실, 휴게실, 면세점, 일반 매점 등을 갖춘 국제여객터미널을 건립할 예정이다.

「민 · 군 복합형 관광미항 지역 발전계획」으로 크루즈터미널과 함께 조성되는 강정항 크루즈부두는 크루즈 15만 톤(길이 2,500m) 2척이 수용 가능한 규모로 조성될 예정이다.

4) 여수

그림 4-40 | 여수 크루즈터미널

2012 세계박람회를 계기로 기존 여수항의 화물부두를 8만 톤(안벽길이 400m, 수심 10~12m) 크루즈선이 정박할 수 있는 크루즈 전용부두로 개조하여 개장한다. 그러나 여수 신항에 조성된 크루즈부두는 수심이 낮고 부두규모가 좁아서 10만 톤 이상의 대형 크루즈는 인근 광양항 3-2단계 부두를 통해 입항하고 있다.

2011년 크루즈부두와 함께 관광객 탑승과 하선에 불편함이 없도록 CIQ기능을 갖춘 연면적 3,274㎡, 2층 규모의 크루즈 전용터미널을 건립하였다.

여수시는 대형화되는 국제 크루즈선박을 수용하기 위해 기존 운영되고 있는 여수 신항 크루즈부두의 접안범위를 8만 톤(연안 수심 10m)에서 15만 톤(연안 수심 12m) 이상의 규모로 확대할 계획이다.

2. 국내 크루즈 인프라 현황과 계획

1) 목표와 계획

항만 여건과 인프라 등을 감안하여 모항과 기항지 기능을 선정하고 이에 맞는 기반시설 조성을 통해 지역경제 활성화를 기하고 있다. 항만시설은 기존시설을 보강하여 확충하고, 복합관광단지 등은 정부와 지자체 계획과 연계하고 시기조정 등을 통해 예산투입을 최소화할 예정이다.

2020년까지 크루즈 전용부두를 5에서 10선석으로 여객터미널을 3에서 7개소로 확충하여 2020년 기항지 크루즈관광객을 300만 명 수용 능력을 확충 할 예정이다.

5개 항만을 모항으로 선정하고 기반시설 조성 등을 통해 2020년 한해 모항 크루즈 관광객을 20만 명으로 확대할 예정이다.

2) 여건과 현황

한국의 주요 항만(부산, 인천, 제주, 여수, 속초 등)은 한-중-일-러 크루즈 항로의 중심에 위치한다.

2016년부터 부산항을 중심으로 한-일 항로와 동해항을 중심으로 한-러-일 항로를 대상으로 모항 시범운항사업을 추진한다.

크루즈 전용부두, 여객터미널, 주차장 등 기반시설과 관광・쇼핑, 대중교통 등 모항으로서 편의시설 부족한 상황이다.

크루즈 전용부두는 2015년 기준 5선석(제주 2, 부산 2, 여수 1) 운영 중이고 크루즈선 접안 능력은 10만 톤급 수준이다.

16만 톤급 크루즈(퀀텀호)는 접안할 수 있는 전용부두가 없어 부산 북항과 인천신항 화물선 부두에 접안하는 실정이다.

표 4-15 | **크루즈 전용부두 운영현황**

항만별	합계	10만 톤 이하	10~15만톤	15만톤이상
합계	5	2	2	1
부산항	2	1	1	–
제주항	2	1	1	–
여수항	1	–	–	1

여객터미널은 부산, 제주, 여수 3개소를 운영 중, 부산북항은 부두와 이동거리가 멀고, 제주외항은 공간부족 등 관광객의 이용불편을 초래한다.

여수신항도 터미널 공간이 부족하고, 인천남항과 속초항은 설계 중으로, 2018년 이후 완공될 예정이다.

항만 배후지 관광·쇼핑 등 복합해양관광단지가 부족하과 도심에서 여객터미널까지 대중교통도 확충할 필요가 있다.

표 4-16 | **지역별 항만 기반시설 여건**

지역	전용부두	터미널
부산	부산북항 10만 톤급 1선석 (예비선석 포함 10만 톤급 2선석 운영)	국제여객터미널 1동 운영
인천	부산 동삼동부두 8만 톤 1선석 (2018년 6월 22만 톤급 확충공사 완공)	22만 톤급 여객 5,400여 명 이용할 수 있는 여객터미널 건립 계획
제주	화물부두 임시 접안 (인천남항 15만 톤급 전용부두 17년 운영)	인천남항 여객터미널 18년 상반기 완공 계획
전남	제주외항 10만 톤급 1선석 8만 톤급 1선석(임시부두) (2020년까지 10만 톤급 1선석 추가 개발)	국제여객터미널 1동 운영
강원	강정항 15만 톤급 2선석 준공 (2017년 하반기 운영 예정)	2018년 3월까지 완공·개장 계획

표 4-17 | **지역별 관광 및 교통 기반시설 여건**

지역	관광여건	교통여건
부산	부산북항재개발, 범어사, 용궁사, 해운대, 자갈치수산시장, 국제시장, 백화점 등 다양한 쇼핑 등	김해공항, KTX, 경부고속도로 등
인천	(서울) 고궁, 남산, 명동 쇼핑 등 (인천) 월미도, 차이나타운, 자유공원	인천공항, 인천-서울공항철도・고속도로 등
제주	세계문화유산(성산일출봉), 중문관광단지, 면세점 쇼핑, 바오젠 거리 등	제주공항, 제주신공항(2025년 완공)
전남	여수박람회장, 순천만, 정원박람회장, 낙안읍성, 대형 아울렛매장 등	여수공항, KTX, 남해고속도로 등
강원	2018년 평창동계올림픽, 양양 송이 및 연어 등 다양한 체험, 강릉선교 등 전통문화 체험 등	양양공항, 원주-강릉 고속철도 (2017년 개통), 영동고속도로 등

CHAPTER_5

선상시설과 서비스 관리실무

CHAPTER

5 선상시설과 서비스 관리실무

제1절 선상시설 관리실무

1. 공용장소의 이해

크루즈선박의 공용장소의 설계는 필요한 시설의 크기를 결정하고, 공간 계획에 따라서 시설을 배치한다. 이러한 공용시설은 운항과 운항 승무원을 위한 시설과 캐빈을 제외한 모든 시설을 의미하며 캐빈과 함께 크루즈선의 품질을 좌우하는 중요한 시설이다. 이 시설은 음식 서비스를 위한 시설, 사교 및 오락 시설, 문화 및 판매 시설과 어린이를 위한 시설, 부대시설로 구분하여 관리할 수가 있다.

단층 갑판부터 거대하고 화려한 12층 갑판까지 크루즈선의 규모는 다양하다. 갑판 설계는 각 갑판마다 선실과 공용 시설의 위치를 편리하고 쉽게 알 수 있도록 배치하여 건조한다. 다기능 선박에서 층의 위치는 승객이 캐빈을 선택할 때 중요 사항이다. 일반적으로 낮은 층일수록 흔들림이 적으며, 중간 층은 식사와 유흥에 적합하고, 고층의 캐빈은 전망을 즐기기에 좋다.

크루즈 선의 공용 시설은 크루즈 종류, 가격 수준, 여행 노선 일정에 따라 다양하다. 대부분의 기본 시설은 음식, 주류, 여가 서비스를 제공한다. 보통 크루즈 선박이라면 최소한 1개 이상의 식당과 칵테일 라운지를 가지고 있다. 대중 크루즈와 프리미엄 크루즈 정기선에서 카지노, 비디오 아케이드, 극장, 오락라운지, 상점들은 기본적인 여가시설로 갖추어져 있다. 그에 따른 많은 고객창출을 위해 크루즈 정기선은 다양한 선내 행사를 마련한다.

따라서 이러한 공용시설은 소음과 진동을 최소화할 수 있어야 하며, 쾌적하고 특별한 경험을 할 수 있어야 한다. 최근 이러한 공용시설은 대형화하거나 개방형의 형태로 발전해가고 있으며 적정 기준에 의한 관리 매뉴얼을 수립하여 청결과 안전을 극대화할 수 있다.

2. 각종 공용시설의 이해

1) 식당시설

크루즈선사에서 제공되는 음식과 서비스만큼은 그 어느 곳보다 훌륭하다는 것은 잘 알려져 있다. 대부분 크루즈 선에는 두 가지의 만찬 식사시간이 있는데 정규 식사시간과(main seating) 늦은 식사시간(late seating)이 있다. 정규 식사는 이른 식사시간(early seating)이라고도 하며, 늦은 식사시간(late seating)이 시작되기 전까지를 말한다. 다른 크루즈 선박에서는 두 번째 식사시간(second seating)이라고도 하는데 라이브 음악 공연과 함께 이루어지기도 한다. 승객들은 정규 식사시간과 늦은 식사시간 중 선호하는 것을 선택할 수 있지만 한 번 결정한 이후에는 같은 테이블에서 같은 웨이터에게 접객을 받는다.

크루즈는 승객요구를 최대한 수용하려 노력한다. 예를 들어, 어린이와 노인이 있는 가족들은 종종 이른 식사시간을 요구한다. 저녁 식사 전에 칵테일을 즐겨 먹는 승객들은 보통 늦은 식사시간을 요구한다. 또한 늦은 식사시간은 해안여행을 위해 상륙하여 그곳에서 늦게까지 관광하려는 승객이 이용할 만하다. 식당에서는 금연석, 흡연석이 필요하고 크기나 연령에 따라 각기 다른 테이블이 필요하다.

그림 5-1 | **셀러브리티 크루즈 식당 시설**

2) 바 & 라운지

다양한 주제로 인테리어된 실내외 바와 라운지가 마련되어 있다.

(1) 바 오픈 시간

대부분의 바는 라이브 음악을 연주하며, 주로 오후 5시부터 새벽 1시까지 문을 연다. 문을 열지 않는 시간에는 다양한 행사가 진행되거나 고객이 자유롭게 쉴 수 있는 장소로 제공된다.

- 샴페인 바(Champagen Bar) : 오후 5:00~새벽 1:00
- 코바 카페 밀라노(Cova Cafe de Milano) : 오후 5:00~새벽 1:00
- 포춘스 카지노 바(Fortunes Casino Bar) : 공해상을 운행 중에만 오픈
- 마티니 바(Martini Bar) : 오후 5:00~새벽 1:00
- 마스트 바(Mast Bar) : 오후 3:00~오후 6:00
- 랑데부 라운지(Rendez-Vous Lounge) : 오후 5:00~새벽 1:00

- 리비에라 풀바(The Riviera Pool Bar) : 오전 9:00~오후 7:00
- 오션 카페 바(Ocean Cafe Bar) : 오전 7:30~자정
- 익스트림 스포츠 바(Extreme Sports Bar) : 오후 5:00~오후 9:00

(2) 판매 음료의 종류

크루즈 요금에는 하루 7차례 제공되는 뷔페 스타일 및 정찬 식사, 24시간 룸서비스 및 커피와 차, 과일 주스(뷔페식당에서 제공)는 포함되어 있지만 와인, 칵테일, 고급 커피 등은 별도로 지불을 해야 한다. 따라서 바에서 제공되는 음료는 유료이지만 충분히 만족할 만한 맛과 서비스, 분위기가 제공된다.

그림 5-2 | 카니발 크루즈 바시설

3) 사교 및 오락시설

크루즈여행 중 선상 프로그램으로 진행되는 다양한 유, 무료 강좌에 참가하는 것은 보다 가치 있는 여행을 만들 수 있다. 다양한 선상 프로그램의 진행 시간, 장소 및 간략한 내용은 매일 발행되는 크루즈선상신문(로열 캐리비안 크루즈선사의 선내신문인 크루즈 컴퍼스, 셀러브리티 크루즈선사의 셀러브리티 투데이 등)을 참고할 수가 있다.

(1) 댄스 강좌

1시간에서 1시간 30분 동안 진행되며, 왈츠, 살사, 스윙 등 각 주제별로 강좌가 진행된다. 별도의 사전 예약은 필요 없으며, 동행이 없더라도 즉석에서 인원에 맞춰 커플이 이루어지므로 부담 없이 참석이 가능하다. 초보자를 기준으로 기본적인 동작 및 스텝을 배우므로 쉽게 새로운 춤을 접할 수 있는 기회가 된다.

(2) 컴퓨터 강좌

1시간가량 전용 컴퓨터 실에서 진행되는 강좌는 초보(메일 보내기, 윈도우 사용방법 및 중급 수준의 컴퓨터 활용을 비롯해 디지털 사진 강좌, 포토샵 강좌) 등 다양하게 준비되어 있으며, 별도 비용은 없으나 사전에 예약이 필요하다.

(3) 게임 레슨

카지노를 잘 즐기기 위해서는 기본적인 게임의 룰을 아는 것이 필요하다. 포커, 룰렛, 블랙 잭, 슬롯머신 등의 규칙을 30분에 걸쳐 강습하며, 별도 비용은 필요로 하지 않다.

(4) 스포츠 관련 강좌

피트니스센터에서 진행이 되며, 스트레칭, 에어로빅 등은 무료이다. 별도 유료 프로그램으로는 요가, 필라테스, 실내 사이클링 등이며 사전 예약(명단에 기입해 놓으면 됨) 후 참가가 가능하다.

이외에도 골프 레슨, 동양 의학 및 치위생 관련 강좌 등 의료 관련 강좌, 냅킨 접기, 꽃꽂이 등 다양한 강좌가 마련되어 있다.

그림 5-3 | **동양무술 관련 강좌**

그림 5-4 | **크루즈 선내 피트니스시설**

(5) 골프 프로그램

일반적인 골프 선택 관광 프로그램에서 풍부한 크루즈 경험을 가진 프로 골퍼가 동행하여 선내에서 골프 레슨(개인 레슨, 시뮬레이션)을 제공하며, 그룹인 경우 단체 경기 등을 구성하는 골프 프로그램이다. 크루즈 여행 중에 골프 전문가와의 상담, 레슨을 통해서 골프에 대한 식견을 넓히는 계기가 될 수 있으며, 기항지 선택 관광 골프 프로그램에 참가해 직접 필드에서 흥미진진한 경기를 즐길 수 있다. 골프 프로그램 포함 사항으로는 크루즈 스태프인 공인 프로 골퍼 탑승, 골프 레슨 센터 설치, 고품격 골프 클럽 렌탈 서비스, 선내 무료 퍼팅 콘테스트 등이 있다.

그림 5-5 | 크루즈 선내 골프 시설

(6) 카지노

크루즈선이 매우 작더라도 대부분 선내에서는 카지노를 즐길 수 있다. 소형 크루즈선의 카지노는 슬롯머신만을 제공할 수도 있다. 큰 카지노는 슬롯머신, 블랙 잭(Blackjack), 룰렛, 크랩을 일반적으로 제공한다. 배가 항구에 정박할 때는 카지노가 열리지 않고, 해상 위에서 항해 중일 때만 열린다. 각 기항항은 승객이 항구의 카지노,

바, 숍 등을 이용하기를 원하기 때문이다. 술을 마실 수 있는 최저 나이와 같이 카지노를 즐길 수 있는 최저 나이도 선장에 의해 공고되며 역시 보통 18세이다. 카지노 이용비용은 크루즈 요금에 포함되지 않는다.

그림 5-6 | **크루즈 카지노시설**

(7) 암벽 등반(Rock Climbing Wall)

암벽 등반 시설은 로열 캐리비안 크루즈와 셀러브리티 크루즈 중 로열 캐리비안 크루즈에서 체험할 수 있는 선내 시설이다. 총 20여 척의 로열 캐리비안 전 크루즈에서 체험이 가능하며, 로열 캐리비안 크루즈 내 시설 중 가장 인기 있는 선내 시설 중 하나이다.

끝을 알 수 없는 짙푸른 카리브해, 신비로운 지중해, 거대한 빙하가 떠 있는 알래스카에서 수면으로부터 45~60m 높이인 크루즈의 가장 높은 곳에서 이 모든 것을 바라보는 짜릿한 경험을 할 수 있다. 전문 강사가 항상 곁에 있으므로 더욱 쉽게 암벽 등반을 즐길 수 있다.

이용 신청은 암벽 등반장 밑 데스크에서 신청 가능하며 이용 가능 시간은 크루즈

내 정보지인 선상신문 'ACTIVITY' 란에 이용 가능 시간이 표기되어 있다. 등반에 필요한 안전모, 암벽화, 안전장치가 구비되어 있어 등반 중 1인당 1명의 직원이 승객의 안전을 책임지고 있으므로 어린이나 초보자도 안전하고 재미있게 암벽 등반을 즐길 수 있다.

그림 5-7 | **크루즈 선내 암벽 등반 시설**

4) 문화 및 판매시설

(1) 공연장시설

① 대형 극장

그림 5-8 | 디즈니 크루즈 대형 극장 시설

크루즈선에서는 수준 높은 브로드웨이 스타일의 공연이 크루즈의 대형 극장에서 펼쳐진다. 모든 공연은 횟수에 제한 없이 무료로 감상할 수가 있다. 최고의 브로드웨이 쇼들을 비롯한 뮤지컬 공연 등 수많은 볼거리가 우아하고 럭셔리한 공연장에서 공연된다. 놀라운 공중 곡예사의 공연을 비롯하여 마술 쇼, 코미디 쇼에 이르기까지 다양한 볼거리가 준비되어 있다.

가창력이 뛰어난 가수와 화려한 댄서의 움직임을 보고 있노라면 다른 세상에 와 있는 듯한 느낌이 들기도 한다. 대공연장은 크루즈 크기에 따라 다르나 일반적으로 800석에서 1,700석 규모이며 부드럽고 안락한 의자와 세심한 칵테일 서비스는 하이라이트라고 할 수 있다.

② 다양한 공연무대

크루즈선에서는 재미있는 시간을 보낼 수 있는 다채로운 공연 프로그램이 준비되어 있다. 그래서 종종 무엇을 해야 할지 결정하는 것이 유쾌한 고민이 되기도 하며, 크루즈 내 각종 바와 중앙 홀, 야외 수영장 주변에서는 쉴 새 없이 공연무대가 펼쳐진다. 재즈 뮤지션과 함께 하거나, 스쿠너 바, 피아노 바에 앉아 음악을 감상할 수도 있다. 가라오케나 퀴즈 게임, 게임 쇼 등 무대 중심으로 나가 직접 참여하는 것도 색다른 경험이 될 수가 있다.

그림 5-9 | 야외 공연장

③ 스튜디오 B

스튜디오 B(Studio B)는 아이스링크를 말한다. 로열 캐리비안 크루즈의 보이저 클래스(138,000톤) 이상 급의 크루즈에서 이용할 수 있다. 낮에는 스케이트를 렌트하여 자유롭게 아이스 스케이팅을 즐기실 수 있으며, 밤에는 세계 정상급 수준의 아이스 스케이팅 쇼를 감상할 수 있다.

(2) 판매시설

크루즈 선에서는 면세 쇼핑을 즐길 수 있다. 영국의 해로드 면세점은 퀸엘리자베스2호에 판매장을 가지고 있으며, 이러한 판매장에서는 아스피린에서 다이아몬드에 이르기까지 모든 물품이 판매되며, 매우 합리적인 가격에 구입이 가능하다. 크루즈 승객은 크루즈 선내에서 프랑스의 향수, 오스트리아의 크리스털, 스위스의 초콜릿, 아일랜드의 레이스 그리고 다양한 세계적인 유명 보석제품을 구입할 수 있다.

그림 5-10 | **크루즈선상 면세점**

5) 어린이 시설

크루즈에서는 모든 크루즈 여행객이 즐길 수 있는 프로그램이 준비되어 있다. 어린이(유아) 및 청소년만을 위한 자연과 과학 탐험, 각종 쇼를 포함하여 참여 가능한 활동, 보물 찾기, 테마 파티 등을 통해 그들의 세계를 만들어 갈 수 있다. 특히 어린이 및 청소년 전용 센터와 수영장 등에서 세계 각국으로부터 온 새로운 친구를 만날 수 있는 '선상 친구 사귀기' 프로그램이 있으며, 이 모든 어린이, 청소년 프로그램은 유능한 전문 스태프에 의해 관리된다.

(1) 어드벤처 오션(Adventure Ocean)

어드벤처 오션은 재미와 교육적인 활동을 적절히 혼합시켜 놓은 무료 어린이 프로그램이다. 크루즈마다 프로그램이 다르지만 한 가지 변하지 않는 것은 자녀가 현지의 풍습, 신선한 과학 체험, 새로운 친구를 사귀는 방법을 배우게 된다. 프로그램에 참여하기 위해서는 반드시 3살 이상, 대소변 가림이 가능해야 한다.

자녀를 돌보는 스태프는 모두 교육 및 레크리에이션을 전공하거나 3~17세 어린이를 대상으로 하는 풍부한 경험을 가지고 있는 스태프로 구성되어 있다.

어드벤처 오션과 함께 하는 가족 크루즈여행은 부모님과 아이들 모두 즐길 수 있으며, 어린이를 위한 식사, TV 프로그램, 다양한 게임, 심지어는 10대를 위한 나이트클럽 등 여러 가지 프로그램이 제공된다.

(2) 과학여행 하이라이트

셀러브리티 크루즈는 아이들에게 단지 재미만 주는 게임이 아닌 교육적인 게임을 제공한다. 과학탐구와 자연학습을 통해 아이들이 곤충을 발견할 수 있고, 바다 생물과 해적의 세계도 볼 수 있다. 3~12세 사이의 어린이의 창의력을 키워줄 과학여행은 하루에 30분에서 한 시간까지 추가비용 없이 제공된다.

6) 부대시설

크루즈 일정에 따라 차이가 있겠지만 기항지에 입항하지 않고 1에서 5일 정도 해상에서 지내게 되는 경우가 있다. 그래서 각 선사에서는 승객을 위한 많은 선내 위락 시설과 프로그램을 운영하고 있다. 시설이나 프로그램에 따라 승객에게 무료로 제공되는 것과 승객이 요금을 지불하여야 하는 것으로 구분된다.

(1) 피트니스와 온천시설

피트니스센터와 그린 하우스 스파(Green House Spa)에서는 승객이 크루즈 중에 육체 훈련과 휴식을 위하여 필요한 시설을 갖추고 있다.

① 피트니스 센터

피트니스 센터에서는 승객이 자유롭게 이용할 수 있도록 여러 종류의 운동기계와 기구를 갖추고 있다. 그리고 피트니스 전문가를 항상 배치하여 승객의 운동하는 상태를 도와주고 있다. 그리고 적절한 시간을 이용하여 이곳에서 요가, 필라테스 등을 연습할 수 있도록 프로그램을 운영하고 있다.

그림 5-11 | 피트니스

② 온천 및 미용시설

승객의 피로를 풀고 원기를 회복할 수 있도록 하기 위한 곳으로, 이용·미용·마사지·사우나·지압 등을 받을 수 있는 곳이다. 이곳을 이용하는 고객은 제공받은 서비스에 대하여 사용료를 지불하여야 한다.

그림 5-12 | 온천

(2) 사진실(Photo Gallery)

사진을 촬영하고 그 사진을 구입할 수 있는 곳이다. 선박을 출입할 때, 선내에서, 파티, 식사, 특별 행사, 기항지 관광 시에 사진을 촬영하고, 촬영한 사진을 전시한다. 해당 승객이 원하는 경우에 합당한 가격을 지불하고 사진을 구입할 수 있다.

(3) 인터넷 휴게실(Internet Lounge)

선상에서는 지상과는 달리 인터넷이나 전화 등 통신기계를 사용하는 데 매우 제한적이다. 따라서 선상에서의 모든 통신수단은 인공위성을 이용하여야 한다. 해상에 있든지, 항구에 정박하고 있든지 항상 인터넷을 사용할 수 있다. 다만 그 사용료가 아주 비싼 편이다. 특히 인터넷 설정을 잘못해서 사용한 것보다 많이 부과되는 경우가 있다.

(4) 기항지 관광(Shore Excursion)

기항지 관광은 별도로 준비된 기항지 관광 데스크나 관련 부서에서 운영하고 있다. 또한 아래의 네 가지 업무를 수행하면서 기항지 상륙여행을 실시하고 있다.

- 승선 전에 예약한 기항지 관광 확인
- 새롭게 기항지 관광 예약
- 예약한 기항지 관광의 취소
- 예약한 기항지 관광의 변경 등

그림 5-13 | 기항지 관광 데스크

제2절 승무원 인사관리

1. 선상 승무원의 인력배치

1) 인력의 산정

크루즈선상 각 업장의 인력배치는 업장의 수익성과 대 고객 서비스의 수준에 영향을 미치는 매우 중요한 사항이다. 즉, 고객의 수요를 초과하는 과도한 인력의 배치는 인건비의 부담으로 인해 업장의 수익성에 부정적 영향을 미치고, 반대로 부족한 인력의 배치는 고객 서비스의 질의 저하는 물론, 운영 가능한 테이블 수의 부족으로 고객을 놓치는 문제를 야기한다. 따라서 인력의 초과 배치 및 불충분한 배치는 모두 크루즈선상 업장의 운영에 부정적인 결과를 초래하게 된다. 이로 인해 일반적으로 크루즈 업장의 인력배치는 가장 고객이 많은 날에 필요한 인력의 수를 기준으로 하여 인원을 결정하는 것이 바람직하다.

표 5-1 | 크루즈선상 인력배치 시 고려해야 할 사항

항 목	선상 승무원
식음료 업장 테이블 당 필요 인원	테이블 당 1인
근무 시간 / 휴식 시간	60 / 20
주간 근무 일수	5일
연간 휴가 일수	2주

2) 인사고과

인사고과는 조직구성원의 평가 수단일 뿐 아니라, 조직의 인적 자원관리에 필요한 기초자료로서의 의미를 갖는다. 이는 곧, 인사고과가 인적 자원의 확보(수요 예측, 모집, 선발 등), 인적 자원의 개발과 유지(교육훈련, 인사배치 및 이동 등), 인적 자원에 대한 보상(승급, 승진, 임금, 수당, 상여금 등), 인적 자원의 방출(방출, 이직관리 등) 등 조직의 인적 자원관리 업무수행에 있어 중요한 기초자료가 되기 때문이다.

인사 고과의 방법은 직원의 능력과 업적에 따라 서열을 정하는 서열법(ranking method), 평가기준을 미리 정해 놓고 달성수준에 맞추어 평가하는 기록법(filling out method), 평가요소를 선정하고, 평가요소별에 등급화된 기준에 따라 평가하는 평정 척도법(rating scale method), 설정된 세부 평가일람표에 따라 체크하는 대조법(checklist method), 사전에 정해 놓은 비율에 따라 피평가자를 할당하는 강제할당법(forced distribution method), 그리고 피평가자가 본인의 업적을 직접 작성하여 제출하는 업무 보고법(performance report method) 등 기존에 주로 활용되어 왔던 형식과 함께, 최근 들어서는 중요사건법(critical incident method), 자기기술법(self description method), 면접법(interview method), 목표관리법(management by objective), 평가센터법(assessment center), 행동기준고과(behavior based rating scale) 등의 다양한 방법이 활용되고 있다.

2. 선상 승무원의 복지와 위생

1) 승무원 위생

(1) 머리카락

머리카락이 잘 정돈되지 않으면 머리카락과 비듬이 음식을 오염시킨다. 머리를 빗거나 머리를 감싼 모자를 바로 잡는 것은 음식 만드는 곳에서 해서는 안 된다. 손으로 머리를 만지거나, 긁지 말고 머리카락을 만지지 않는 것이 옳은 방법이다.

(2) 부스럼, 감염된 상처와 피부감염

감싸지 않은 상처는 박테리아를 불러일으키는 병원이 된다. 그리고 승무원 자신과 승객, 다른 승무원이 감염에 노출될 수 있다. 모든 부스럼, 상처, 피부염은 승무원의 직속 상관이나 의료센터로 보고되어야 한다. 이러한 상처와 열상은 반드시 치료해야 한다. 손에 붙이는 밴드나 반창고는 눈에 띄도록 파란색이어야 하고, 음식과 음식을 다루는 사람을 위해 방수 일회용 플라스틱 장갑을 껴야 한다. 방수 일회용 장갑을 벗었을 때 밴드나 반창고가 음식에 떨어지지 않도록 세심한 주위를 기울여야 한다.

(3) 코, 입과 귀

거의 모든 성인의 절반은 잠재적으로 해를 끼칠 수 있는 포도상구균이라고 하는 박테리아를 보균하고 있다. 포도상구균은 보균자에게는 해를 끼치지 않지만 특히 먹기 직전의 음식을 감염시켜 다른 사람에게 해를 입히는 병균이다. 재채기를 하거나 자주 손을 씻지 않는 것은 박테리아가 퍼지는 가장 일반적인 경로이다.

(4) 흡연

음식준비, 서빙, 식기세척 공간에서 흡연을 하거나 어떠한 형태로든 담배를 이용하는 것은 허용되지 않는다.

(5) 귀금속

반지, 팔지, 시계와 같은 물품은 먼지 등의 오물이 묻기 쉽고 깨끗하게 유지하기도 힘들다. 음식을 준비하는 동안에 잃어버릴 수 있고, 이는 신체적인 위협이 될 수도 있다. 따라서 보석이 없는 작은 평범한 결혼반지를 제외하고 귀금속은 음식을 준비하는 공간에서의 착용이 금지되어 있다.

2) 위생교육

(1) 발병 보고

음식을 조리하는 사람은 어떠한 발병이 생길 경우 이를 업무 시작 전 슈퍼바이저에게 의무적으로 보고해야 한다. 다음의 증상이 있을 경우 음식을 다뤄서는 안 된다.

- 설사
- 구토
- 황달
- 손이 상처 등으로 감염된 경우

(2) 음식 맛보기

솥에서 음식을 만들던 국자로 절대 직접 맛보면 안 된다. 접시에 적은 양을 덜어서 낱개로 포장된 스푼이나 스푼의 잡는 부분이 위로 꽂혀 있는 플라스틱 스푼을 사용하여 맛을 봐야 한다. 사용한 접시는 닦고 스푼은 처리하기 위해 치워야 한다. 맛을 볼 때도

절대 사용한 스푼을 주머니에 넣어가지고 다니면 안 된다.

(3) 노로 바이러스

각 크루즈선사는 승객에게 안전하고 즐거운 여행을 제공해야 하는 의무가 있다. 노로 바이러스와 같은 바이러스는 편안한 분위기를 망치고 선사의 이미지에 큰 영향을 미친다. 그래서 각 크루즈선사는 가능한 이러한 바이러스에 감염되는 것을 막기 위해 최선을 다하고 있다.

(4) 물 사용

선상에서 사용하는 물의 약 90%는 바닷물에서 염분을 제거하여 사용하고 있다. 하지만 이러한 과정에서 연료를 필요로 한다. 따라서 승무원과 승객이 가능한 물을 절약하는 것이 중요하다.

(5) 손 씻기

개인 청결의 가장 중요한 부분은 자주 그리고 철저하게 손을 씻는 것이다. 상당히 많은 경우, 더러운 손톱이 음식물을 감염시키는 위험한 상황의 주범이 되기도 한다. 손 씻기는 정기적으로 이루어져야 하며 손에서 병균을 없애는 방법을 반드시 따라야 한다.

다음의 활동 전후 항상 손을 철저하게 씻어야 한다.

- 화장실을 사용한 경우
- 음식 만드는 곳에 들어가거나 음식을 다루는 경우
- 날것을 만지고 요리된 음식을 만지는 경우
- 머리를 빗거나 신체의 일부를 만질 경우
- 음식을 먹거나 담배를 피우거나 기침이나 코를 풀 경우
- 음식물쓰레기를 처리할 경우
- 세정제를 만질 경우
- 장갑을 사용할 경우
- 전화를 이용할 경우

매일 이루어지는 이러한 활동들은 음식을 다루는 사람의 손에 잠재적인 오염물질을

갖게 한다. 따라서 손을 청결히 하는 것은 상당히 중요하다. 모든 직원은 반드시 올바른 손 씻는 방법을 알아야 한다.

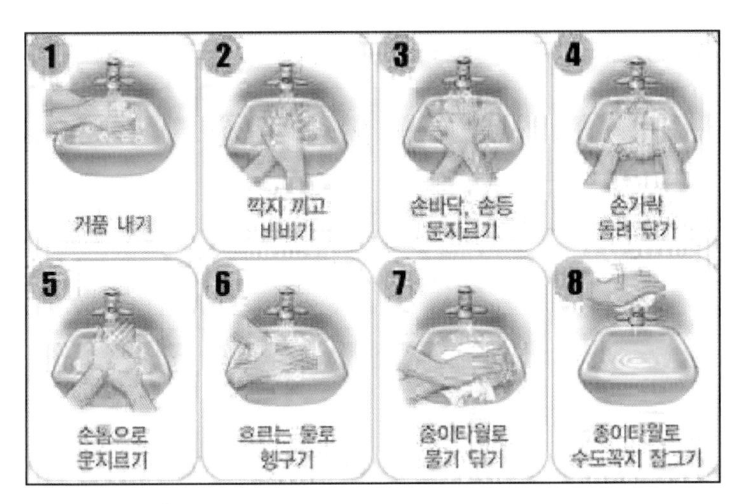

그림 5-14 | **올바른 손 씻기 방법**

- 정해진 장소에서 따뜻한 흐르는 물에 손을 적신다.
- 물비누를 사용한다.
- 물비누를 손가락 사이와 손톱 사이를 포함한 손 전체에 적어도 20초 동안 문지른다.
- 흐르는 따뜻한 물에 손을 깨끗하게 씻어낸다.

제3절 승무원 선상 안전관리

1. SOLAS의 의의

정식명칭은 선상 안전에 관한 국제 조약(SOLAS: International Convention for the Safety of Life of the Sea)이다. 선상의 안전에 관한 모든 국제 조약 중에서도 가장 중요한 국제 간의 조약으로 인식되고 있는 SOLAS는 타이타닉호의 사고에 대한 대책으로 1914년 처음으로 제정이 되었고, 이후로 여러 번 개편되었다.

그림 5-15 | **침몰한 타이타닉호**

2. SOLAS에 의한 안전훈련

1) 안전훈련의 이해

① 운항 중이거나 또는 정박 중에 일어나는 비상상황을 상정하여 크루즈선에서는 비상대피계획(ECP: Emergency Contingency Plan)에 따라서 매 항차 여객안전훈련(Passenger Safety Drill)을 실시하고 있다.

② 매 항차 출항일에 승객 전원의 승선 여부가 확인이 되면 출항 후 통상 30분 이후에 여객안전훈련을 예외 없이 실시하고 있으며, 기항지 정박 중에도 승객 하선 후 항구

그림 5-16 | **비상 대피 훈련 장면**

자료 : 김천중(2012). 『해양 관광과 크루즈 산업』 백산출판사.

체류시간에 각 상정된 상황(화재, 충돌, 좌초, 선박 납치, 테러 등)에 따라서 수시로, 빈번하게 승무원 비상소집 여부와 승무원 임무수행능력을 점검하고 있다.

③ SOLAS에 의한 선상 안전훈련의 내용을 숙지하고 비상대피훈련 실시를 공지한다. 비상대피계획에 따라서 매 항차의 출항일에 승객 전원의 승선 여부가 확인이 되면 출항 후 통상 30분 이후에 여객 안전 훈련을 실시한다.

2) 선상 안전훈련 준비

① 승객 사전 점검

출항 당일 승객규모에 따라서 각 점호장소로 소집된 승객은 승무원의 안내에 따라서 지정좌석에 착석하고, 각 점호장소에 배정된 승무원은 본인구역에 할당되어 소집된 승객의 수를 직접 점검하여 각 팀장에게 보고한다. 팀 리더는 보고받은 승객의 인원과 명단을 확인하여 선내 잔류 인원의 여부와 환자 발생 여부 등을 점검한다.

② 승객 점호 점검

해당 점호장소의 팀장은 각 할당 구역별로 소집되어야 할 승객의 명단을 사전에 소지하고 있으며, 실제로 전원 소집된 승객의 수를 명단과 대조하여 전원 소집되었는지 최종 확인한다.

③ 구명조끼 착용 훈련 및 교육 실시

해당 할당 구역의 팀원은 비상상황용 모자와 구명조끼 등을 착용하고, 승객 동요를 막기 위해 모두 착석시키고 주의를 환기시킨다. 각 선실마다 어른 및 어린이 승객을 위한 구명조끼가 구비되어 있으며, 없는 경우 승무원에게 문의하도록 교육한다. 만 12세 미만의 어린이는 색상별 손목 밴드를 제공하여 안전교육 집합장소를 표시한다. 어린이 승객은 선내에서 항상 손목 밴드를 착용해야 하며, 실제 응급상황이 발생하면 키즈 클럽 매니저가 어린이들을 인솔하여 지정된 장소로 이동한다. 지정된 장소에서 부모와 만날 수 있다. 승객 안전 정보에 대한 안내문을 배포하여 선내 비상 대피경로 및 비상구를 확인하도록 안내한다. 모든 승객이 SOLAS에 의해 훈련에 참가해야 함을 공지한다. 구명조끼 착용법과 응급상황 발생 시 대처법을 안내한다.

3. 안전훈련 매뉴얼의 이해

승객은 크루즈 예약 후 수일 내에 운항 일정표 및 선내 생활안내문 등을 이메일이나 우편으로 안전훈련에 관한 정보를 수신받게 되는데, 승객은 이 시점부터 본선에서의 안전훈련에 대한 내용을 전달받게 된다.

승객은 승선 당일 터미널에 도착한 후에 승선등록을 마치면 승선카드(Sea Pass Card)를 현장에서 지급받는데, 이때 승객 각자에게 사전 배정된 점호장소(Muster Station) 번호가 카드에 표기되어 있다.

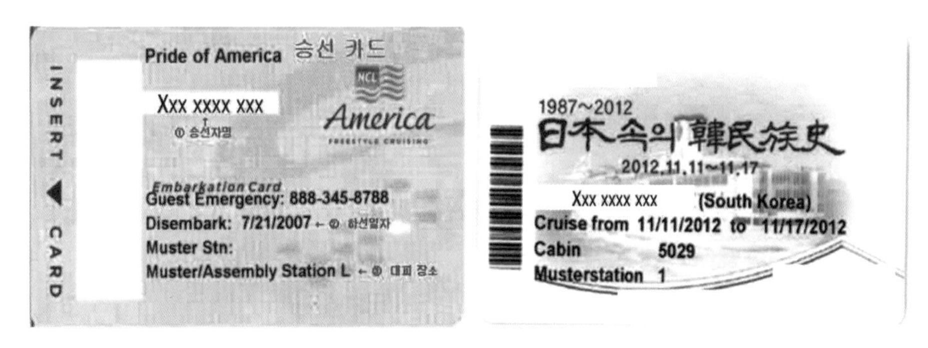

그림 5-17 | 크루즈 승선카드

4. 안전훈련 실시

출항 당일 승객 규모에 따라서 각 점호 장소로 소집된 승객은 승무원의 안내에 따라서 지정 좌석에 착석하고, 각 점호 장소에 배정된 승무원은 본인 구역에 할당되어 소집된 승객의 수를 직접 점검하여 각 팀장에게 보고한다. 각 팀장은 보고 받은 승객의 인원과 명단을 확인하여 선내 잔류 인원의 여부와 환자 발생 여부 등을 점검한다.

해당 점호 장소의 팀장은 각 할당 구역별로 소집되어야 할 승객의 명단을 사전에 소지하고 있으며, 실제로 전원 소집된 승객의 수를 명단과 대조하여 전원 소집되었는지를 최종 확인한다. 해당 할당 구역의 팀원은 비상 상황용 모자와 구명조끼 등을 착용하고, 승객 동요를 막기 위해 모두 착석시키고 주의를 환기시킨다.

그림 5-18 | 머스터 스테이션(MUSTER STATION)에 집합한 승객의 모습

5. 안전훈련 승무원 동원

① 해당 할당 구역에 집결한 승객은 안내방송과 함께 정위치하고 있는 승무원의 대피동작과 시연에 따라서 구명조끼 착용법, 비상대피 시 해상 탈출요령, 해상 낙하 시 각자의 손의 위치, 호흡법, 낙하자세 등에 대한 교육을 받게 된다.

② 만일 선교에서 상황을 종합적으로 판단하고 있는 선장으로부터 이선이나 피선이 결정되면 안전관(Safety Officer)을 통하여 "탈출(ABANDAN-SHIP)"이 선언되고, 선내방송을 통하여 명령이 하달되면 승무원의 안내와 유도에 따라서 피선이 실행된다.

③ 선장의 피선명령이 하달되면 팀 리더와 승무원은 큰 소리로 "탈출"이라고 여러 번 복명·복창하면서, 승객을 순차적으로 인솔하여 외부 갑판으로 이동하게 되며, 각각의 할당공간에 배정된 구명보트의 위치와 탑승요령 등을 안내받는 것으로 승객안전훈련은 끝나게 된다. 이때 구명보트를 실제로 운용하거나 탑승하지는 않는다.

MUSTER STATION PERSONNEL [illegible]

[illegible]

SPECIAL DUTY PARTIES

[illegible]

NOTE [illegible]

FIRE EXTINGUISHERS

[illegible]

1. FOAM [illegible]

2. DRY POWDER [illegible]

3. CO2 [illegible]

NOTE [illegible]

SPECIAL INSTRUCTION FOR CABIN STEWARDS

[illegible]

MEDICAL EMERGENCY
NUMBER

1119

INDIVIDUAL EMERGENCY CARD

RANK

DEPT. No.

CREW ALERT AND GENERAL EMERGENCY

MAN OVERBOARD

ABANDON SHIP DUTY

LIFE BOAT NUMBER

MAKE YOURSELF FAMILIAR WITH THE DETAILS SHOWN ABOVE AND WITH THE CONTENTS OF THIS CARD

그림 5-19 | 승무원 소지 비상임무카드 영문판

자료 : 김천중(2012). 『해양 관광과 크루즈 산업』. 백산출판사. 참고 재작성.

개인 비상 카드
(훈련 시 지참하시기 바랍니다.)

직 위:

승무원용 비상 신호와 총 비상 신호
CREW ALERT AND GENERAL EMERGENCY:

익수자 발생 MAN OVERBOARD:

퇴선 시 임무ABANDON SHIP DUTY

구명정 번호 LIFE BOAT No.

그림 5-20 | 개인비상카드 샘플

제4절 승하선 안전관리

1. 승하선 절차의 이해

1) 승하선 과정 이해하기

일반적으로 크루즈 선을 이용하려는 승객들은 다음 그림과 같은 절차를 거치면서 승선하게 된다. 터미널에 도착하면 수화물 수속을 하고, 보안검색대를 통과하게 된다. 특히 체크인수속 시에는 승선서류와 여권, 본인 명의의 신용카드를 제출한 후에 확인을 받으면 승선카드(Sea Pass)를 발급받게 된다. 대부분 항공여행과 같이 공항에서 유사한 절차를 밟게 되지만 국가별로 약간의 차이가 있을 수도 있다. 보안 시스템을 거치면서 사진촬영을 통하여 승객 확인 및 안전상 검토를 거치면 승선하게 된다. 이러한 전 과정에 걸쳐서 승무원은 승객이 한꺼번에 집중하게 되어 일어나는 안전상의 문제나 국가별 시설의 미비로 일어나는 예상되는 안전문제를 현장의 상황에 맞게 적절한 대처를 해나가야 한다.

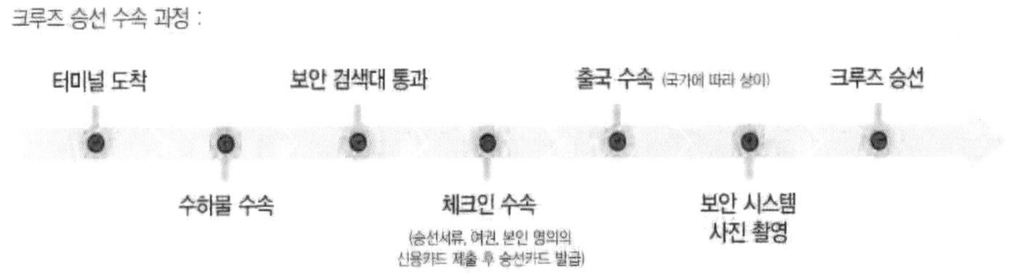

크루즈 승선 수속 과정 :
터미널 도착
수하물 수속
보안 검색대 통과
체크인 수속
(승선서류, 여권, 본인 명의의
신용카드 제출 후 승선카드 발급)
출국 수속 (국가에 따라 상이)
보안 시스템
사진 촬영
크루즈 승선

그림 5-21 | 승하선 과정도

자료 : 김천중(2012). 『해양 관광과 크루즈 산업』. 백산출판사. 참고 재작성

2) 안전 유의사항

항구에 도착하면 안내 직원의 안내를 받아서 승선 수속을 시작한다. 수화물은 사전에 준비한 짐 태그(수화물 표)를 사용하거나 새로 받은 짐 태그에 성명, 출항일자, 크루즈선

명, 선실번호 등을 명기한 후에 포터에게 인계한다. 반입할 수 있는 수화물은 총 200파운드(90kg)까지이며, 초과 화물의 반입은 추가요금이 필요하다. 폭발물, 무기류 및 기타 위험한 물품, 음식물, 주류 등은 선내 반입이 불가하다.

2. 승하선 안전관리

1) 갱웨이의 의의

갱웨이는 크루즈선박과 터미널시설을 연결하는 통로를 의미한다. 이러한 갱웨이는 원활한 이동을 위하여 최대 4개의 가변형 갱웨이가 필요하다. 이동식 갱웨이일 경우 경제성 측면에서 최대 2개의 갱웨이가 필요하다.

그림 5-22 | 크루즈 갱웨이

2) 안전관리의 목표와 방법

항구에서의 승하선 안전관리의 목표는 크루즈선의 안전을 유지하고 허가되지 않은 사람의 승선을 금지하기 위한 것이다. 이러한 업무는 갱웨이 안전절차를 잘 숙지하고 있는 직원에게 안전관리 매니저의 직책을 주어 관리하게 한다.

직원 신분증을 소유한 승무원을 제외한 에이전트사 직원, 항만국, 세관, 검역 등에 관련된 직원은 합당합 정차에 의한 신분증을 착용하고, 허가되지 않은 인력은 절대로 승선이 제한된다.

승객용 갱웨이는 승객을 위한 통로이며, 승무원이나 직원과 방문자는 승무원용 갱웨이를 사용하도록 한다. 만일 갱웨이가 하나만 설치될 경우에는 승객에게 우선권을 주어야 한다.

(1) 탑승

탑승하려는 승객은 탑승 체크포인트에서 출국심사 직원에 의하여 확인을 받게 된다. 한 번 심사를 통과한 승객은 안전관리 직원과 출국심사 직원의 직접 면담에 의한 허가 없이 재상륙이 허용되지 않는다.

(2) 하선

안전관리 직원은 상륙하려는 승객의 절차를 처리한다. 승객이 상륙하거나 재승선할 경우 승객이 혼잡하여 서로 밀치거나 불편하지 않도록 관리하여야 한다. 또한 노약자를 위한 안전에 유의하여야 한다.

3. 승선서류 작성법

1) 승선절차를 이해하고 승선서류를 작성한다

승선서류와 검역질의서, 짐 태그를 작성하고 작성 시 유의사항에 관하여 승객들의 질문에 답변할 수 있어야 하며, 각각의 과정 중에서 예상되는 승객안전에 관한 체크사항을 검토한다.

(1) 검역질문서 및 짐 태그의 작성과 유의사항

(가) 검역질문서 작성

검역질문서는 질병의 유무 등을 질문하는 것으로 이상이 있으면 "예스"로 표시하고 이상이 없으면 "노"로 표시하며, 예스일 경우 별도의 질문과 검사를 받게 된다.

(2) 크루즈선 탑승

체크인과 간단한 소지품 스캔이 끝나면 별도의 수속 없이 바로 크루즈 탑승을 하거나 승선 국가에 따라 출국 수속을 받은 후 승선을 한다. 크루즈터미널의 구조에 따라 탑승 게이트가 아닌 차량 또는 도보로 이동 후 승선할 수도 있다.

크루즈가 터미널 또는 항구와 연결되는 통로를 갱웨이라 하며 이를 통해 승선한다. 첫날 승선 시에는 각 기항지에서의 빠른 승하선 절차를 위해 해당 승선 카드를 승하선 검색 시스템에 넣고 개별 사진을 찍는다. 추후 승하선 시에는 승선 카드를 시스템에 넣어서 첫 승선 시에 찍은 승객 사진과 대조하여 승무원들이 쉽게 고객 확인이 가능하다.

제5절 의료서비스 관리

1. 크루즈 선내 의료인력과 시설

1) 의료인력

(1) 의료부서

선내 병원은 선박의 낮은 층(lower deck) 중앙부에 위치하여 비교적 선박의 흔들림이 덜한 안정된 상황에서 진료와 치료가 가능하도록 되어 있다. 크루즈 선내 병원에는 뱃멀미 환자의 진료도 있으나, 크루즈선박에는 수백 또는 수천 명의 승무원과 승객이 탑승하고 있으므로 근무시간에 작업 중 다친 승무원에서부터 심장마비 환자에 이르기까지 매우 다양한 사고와 질병 환자가 병원을 찾는다.

크루즈 여행 도중 병원을 찾는 승객이나 승무원 중 증상이 미약한 환자는 선상에서 치료하지만, 심각한 상태인 환자는 응급처치 또는 잠정조치를 취한 후 기항 시 육상 병원에 인계하게 된다. 따라서 의료부서(medical dept.)의 의사나 간호사는 비상 구급의술이나 응급처치능력을 지니고 있어야 한다.

선내에서 발생되는 의료 서비스는 일부를 제외하고는 무료로 제공되지 않으며, 육상에서의 병원 서비스와 같이 승객이 유료로 부담하게 된다. 대형 선박의 경우 많은 수의 환자를 진료할 수 있는 병상이 마련되어 있으며, 세계일주 또는 대서양 횡단 크루즈를 실시하는 일부 크루즈선박의 경우 선내에서 까다롭지 않은 수술이 가능하도록 의료시설을 갖추기도 한다.

의료부서의 진료수준은 선박에 따라 상이하여 일부 선박에서는 다양한 국가로부터 의사와 간호사를 채용하여 비교적 낮은 수준의 서비스를 제공하고 있는 반면, 일부 선박에서는 육상의 유명 병원 응급실과 계약하여 수준 높은 의료 서비스를 제공하기도 한다.

소형 선박의 경우 의사와 간호사가 교대로 병원 근무를 하게 되며, 구급 환자나 비상 시에는 하루 24시간 언제라도 근무를 해야 하는 것이 크루즈 선내 병원 근무의 특징이다. 실제로 선내 병원에 근무하는 의사와 간호사는 비상상황이 아닌 많은 비상상황 신고에 접해야 하며, 밤낮으로 전화에 시달리는 경우가 많고, 증세가 심각한 중환자를 맞

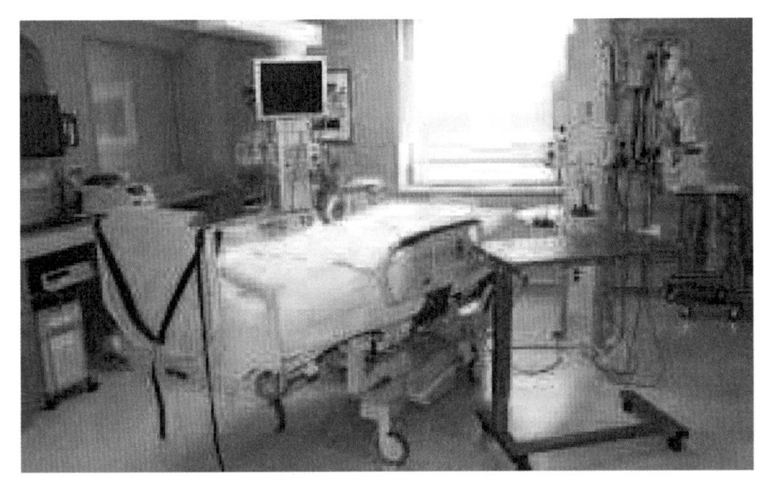

그림 5-23 | 의료시설

아야 하는 경우도 발생한다. 환자의 증세가 심각한 경우 의사는 선장과 상의해 크루즈 일정을 변경하는 경우도 있다. 또한 비상시를 위해 대부분의 크루즈 선박은 소규모 간이 영안실(mortuary) 시설을 갖추고 있다.

(2) 의사

100명 이상의 승객이 탑승한 모든 선박은 의사(medical officer, doctor)가 승선해야 한다는 규정에 따라 크루즈선박의 의사는 선내에서 발생하는 승객과 선원 중 신체의 병적 증상이 있는 환자의 건강과 치료를 담당한다. 크루즈선박의 의사는 업무를 수행하기 위해 선박의 규모에 알맞은 수의 간호사와 함께 선내 진료와 치료를 담당하며, 부선장(staff captain)에게 업무를 보고한다.

일반적인 크루즈선박의 경우 1명의 의사가 선내 병원을 담당하고 있어 의료책임자(PMO: Pricipal Medical Officer)라고 칭하며, 대형 선박의 경우 자격을 갖춘 의사(medical officer, doctor)가 2명 이상 근무한다. 대게 이들은 전문의가 아닌 일반의(general practitioner)인 경우가 많다. 북미 중심의 크루즈선박은 미국, 캐나다, 영국 국적의 의사를 고용하며, 이들은 고용계약과 함께 3줄의 선장(船裝)을 착용한 고급승무원의 지위를 갖는다. 선박에서의 치료비용은 별도로 의사에게 지불되는 것이 일반적인 규정이며, 의사는 정해진 급여 이외에 치료비를 수입으로 확보할 수 있으나, 최근의 크루즈 선박은 치료비를 선사의 수입으로 확보시켜 의사와 계약하는 사례가 늘고 있다.

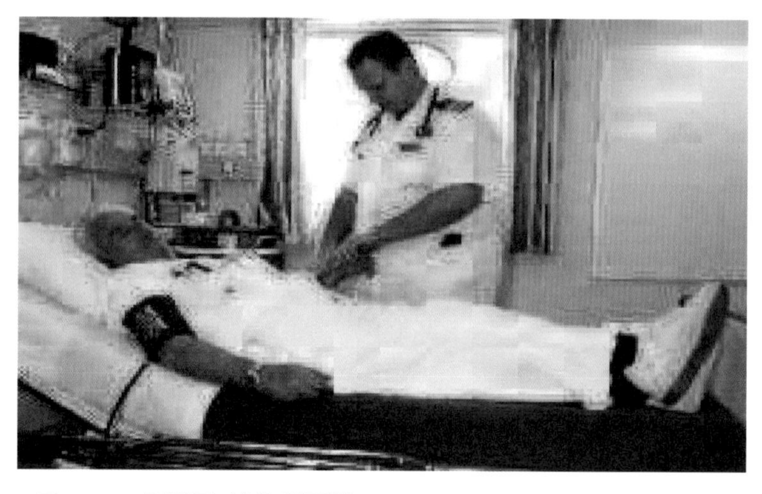

그림 5-24 | 크루즈 선내 의료진

(3) 간호사 및 조무사

대부분의 크루즈 선박에는 의사를 보조하는 의료진이 있으며, 그 대표적인 직업이 간호사(nurse)이다. 크루즈선박에서는 간호사의 경우도 비상구급이나 응급처치능력이 있는 인력을 선호하며, 대개의 경우 1명의 간호사가 병원에 근무하지만, 대형 선박의 경우 다수의 간호사를 고용하기도 한다. 간호사는 고용계약 후 2줄의 선장(線裝)을 착용하는 고급승무원의 지위를 갖는다.

대형 크루즈선박의 선내 병원에는 의사와 간호사를 보조하는 간호조무사가 고용된다. 이들은 자격증을 갖춘 조무사(medical orderlies)로서 일반 의료 승무원(petty officer)으로 불리기도 한다. 그 외에도 선내 병원에는 약제사(medical dispenser)와 물리 치료사(physiotherapist) 및 치과의사(dentist)가 근무하지만, 이들은 대부분 대형 크루즈선박이거나 호화형 크루즈, 또는 장기 크루즈인 경우에 고용되며, 크루즈선박에 수개월 정도 근무하고 육상의 본래 근무지로 돌아가는 경우가 많다.

2) 크루즈선박의 의료장비

표 5-2 | 크루즈선박의 의료장비

장비 및 설비명	용도 및 특징
검진실(Examination room)	X-ray기기, 혈액분석기, 흡인기, 호흡기 등의 각종 의료장비로 진단에 필요한 검사를 하는 장소
격리 병실(Isolation ward/bed)	외부로부터 환자의 감염 및 세균으로부터 보호하기 위한 공간
엑스레이 장비(X-ray machine)	뼈의 골절, 탈골 및 폐질환 등 여러 질환의 진단에 유용한 장비
심전도(Cardiac monitor, EKG)	심장의 전기적 신호를 기본원리로 주로 심장검사, 수술 시 감시장치, 중환자 감시장치 등에 사용
심실 세동 제거기(Defibrillator)	전기 쇼크를 심장에 가함으로써 심장박동을 회복시키는 기기로 응급실의 필수장비
체산소농도측정기(Oxygen-saturation monitor)	체내 혈중 산소농도를 퍼센테이지로 실시간 표현하는 기기
체외 심박 조율기 (External pacemaker)	임시형으로 전원이 체외에 있으며, 수일간 심박조율이 필요한 환자에게 사용하며, 가볍고 소형으로 체외 전원출력과 박동수의 조절이 가능한 기기
산소(Oxygen)	호흡기능이 저하된 경우, 또는 빈혈 등의 치료에 사용하는 응급실 필수설비
흡인기(Suction)	일반 병실과 수술실 등에서 진공 압으로 이물질 등을 흡입하는 장치
인공 호흡기(Ventilators)	인위적으로 환자의 호흡을 도와주는 장치
혈액 분석기 (Hematology incubator)	생체치료 중 각종 이온, 가스 및 생체물질을 바르고 정확하게 측정하는 기기
배양기(Culture incubator)	미생물, 동식물배양, 균배양, 각종 항온실험, 식품의 저항성 실험 등 실험실의 기초 장비
이동형 ICU 운반 차 (Mobile trolley intensive care unit)	환자의 이송장비로 일반병실에서 쓰는 운반차보다 작고 가벼워 움직임에 용이한 운반차

자료 : 김천중(2012). 해양관광과 크루즈산업. 백산출판사.

2. 기항지 의료시설과의 긴급구호 체계구축

1) 선박 비상계획 체계구축

어떠한 비상상황에서도 사용 가능하도록 크루즈선은 선박비상계획(ECP)에 따라 긴급 의료체계를 준비한다.

- 해상 화재(Fire At Sea)
- 항내 화재(Fire In port)
- 충돌(Collision)
- 좌초(Stranding)
- 기기 고장(Equipment Failure)
- 유출(오염)(Oil Spill/Pollution)
- 테러 공격 · 해적 피습(Terrorist Attack · Piracy attack)
- 폭탄 위협(Bomb Threat)
- 인명 구조(Man Overboard)
- 퇴선(Abandon Ship)
- 비상 투묘(Emergency Anchorage)
- 수색 및 구조(Search And Rescue)
- 여객 동요(Passenger Disturbance)
- 피랍(Hijacking)
- 긴급 의료(Medical Emergency)

2) 비상훈련

모든 비상훈련은 적어도 1년에 1회 시행해야 한다. 비상훈련은 모든 관련 부서에 사전 통보해야 한다.

3) 비상사고 유형과 보고기준

표 5-3 | 크루즈 선박의 사고 유형과 보고

비상 상황 유형	보고 기준
화재(FIRE)	선내 구역에서 발생한 화재로써, 확산되어 선박 인원이 제어 불가한 경우, 선박의 안전 및 운항 영향을 미치는 경우, 여객 및 승무원을 탈출시킬 필요가 있는 경우
폭발(EXPLOSION)	폭발로 인해 심각한 손상 및 수밀 구조, 선박의 균형과 선박의 안전 및 운항에 영향을 미치는 경우
충돌(COLLISION)	고정 또는 부유 물질과의 심한 충격을 발생시킨 충돌로써, 여객과 승무원에 부상을 초래할 수 있는 경우, 손상으로 인해 선박이 선급 규정을 벗어나 운항이 불가한 경우
좌초(STRANDING)	선박이 좌초로 인해 선체 구조 및 추진력에 손상을 입은 경우, 손상으로 인해 선박이 선급 규정을 벗어나 운항이 불가한 경우
기계고장(MACHINERY FAILURE)	기계고장으로 주변 선박이 운항을 방해받아 위험상황에 처한 경우
기름 유출(OIL SPILL)·오염(POLLUTION)	이유를 불문하고 환경에 영향을 미칠 수 있는 기름 유출
테러·해적 공격	테러 분자·해적이 승선하였거나 여객 및 승무원에 위협을 가한 경우
폭탄위협(BOMBTHREAT)	폭탄의 선내 반입 및 폭발 가능성이 있는 경우
인명구조(MAN OVERBOARD)	승무원/여객이 해상에 빠진 경우
수색 및 구조(SEARCH AND RESCUE)	자선의 승무원 또는 여객 또는 타선에 지원을 제공하는 수색 및 구조 행위를 하는 경우
여객 난동	여객(들)에 의한 난동으로 선박, 승무원 및 여객에게 위험을 초래하는 경우
긴급 의료	선박 의료팀이 치료하기 곤란한 상황으로 외부 지원 또는 환자 비상 수송이 필요한 경우

자료 : 김천중(2012). 해양관광과 크루즈산업. 백산출판사.

4) 비상사고 발생 시 사무실시설 및 일반 절차

(1) 비상상황 사무실의 설치

① 비상시 다음의 장비가 회의실에 준비되어 사용 가능하여야 한다.

- 2회선의 전화선(모든 수신전화는 선별되어 회의실에 연결된 전화로 보내져야 한다)
- 한 대 이상의 이동전화(주요 요원의 사용에 한함)
- 2회선의 팩스와 문방구
- 참조용 대형 게시판

- 달력 및 시계 두 개(하나는 선박시간 표시용)

② 비상시 지원사무실은 관리 임원의 요구에 따라 24시간 요원이 배치되어야 한다. 요원의 배치 및 배치시간 등의 결정 시 경험과 건강 및 피로도 등을 감안해야 한다.

③ 심각한 사고발생 시 사고와 직접 관련된 상황 사무실이나 필요에 따라 대표자의 현장 도착을 확인한 후 현장조정자로서 임무를 수행한다.

(2) 선장의 임무

① 선장은 사무실 직원이 도착할 때까지 현장조정자로서의 역할을 한다.
선장이 선박의 비상계획을 이행해야 하는 비상시 또는 사고가 발생한 경우에 선장은 근무시간에는 본사의 크루즈 운항 부장에게 우선적으로 보고하고, 근무 시간 이후에는 비상연락망에 따라 보고한다.

② 현장조정자는 각 선장의 선박 비상시 지시사항에 의거, 사고의 정확한 내용과 정황 등을 파악할 의무가 있다. 현장조정자는 즉시 사고 내용을 기록하고 시간 및 특정 수, 발신내용을 주의 깊게 기록한다. 현장조정자는 되도록 빨리 관련 정보를 지원팀원들에게 연락하여야 한다. 일단 팀이 구성되면 현장조정자는 책임으로부터 벗어날 수 있으며, 통신과 통제가 본선과 직접 이루어지게 된다.

(3) 비상지원팀의 운영

① 비상지원팀장(크루즈 운항부장)

- 최초 유선보고한 상황 및 사고가 비상상황인지 아닌지, 그리고 선장의 결정과 초기 유선보고 상황을 평가하고 만약 비상상황이라면 비상지원팀을 소집해야 한다.
- 비상지원팀의 소집에 필요한 사고목록을 참조하여 비상지원팀 소집을 결정하고 다음과 같은 조치를 취한다.
  - 비상지원팀 팀원과 연락을 하고 가능한 한 빨리 비상상황실에 집결할 수 있도록 그들에게 통보할 것.
  - 비상상황실에 집결한 모든 사람에게 상황을 설명할 것.

② 비상지원팀원의 주지사항

- 모든 팀원들은 팀장이 비상상황으로 추정하여 대기를 지시할 경우 비상상황실에 집결한다.
- 비상연습이나 훈련을 할 때는 이것은 훈련임을 분명히 해야 한다.

(4) 비상상황실 운영지침

① 비상상황실은 크루즈 운항부 상황실로 한다.

② 가능한 한 빨리 사고현장으로부터 인명, 재산, 해양 생태계 등 환경적 관점에서 정보를 수집한다.

③ 모든 통화내용은 적절히 기록(시간기록)하고 정리되어야 한다. 테이프에 녹음하는 것이 보다 바람직하다.

④ 모든 결정은 입수되는 정보에 기초되어 만들어지고, 자료는 적절하게 기록 보관되어야 한다.

⑤ 사고지역이 포함된 해도와 도면은 필요한 보조품과 같이 비치되어야 한다.

⑥ 비상상황에서 연락할 전문가 및 회사의 목록을 유지해야 한다.

5) 책임과 권한

(1) 지원팀 당직자(사고조정자)의 임무

① 사무실 직원 중 최초로 선장 또는 기타 기관으로부터 사고 연락을 받은 사람은 사고조정자로서의 역할을 맡으며, 모든 통신을 유지, 관리하고 현장조정자와 공식 교대할 때까지 임무를 수행한다.

② 연락시간, 사고형태, 사고일시 및 다른 주요 사항의 기록

③ 모든 비상대응팀의 호출

④ 선박의 주 통신망 유지

(2) 지정된 자(Designated Person)의 책임과 의무

① 가능한 한 신속히 비상상황실(Emergency Operation Room)에 재실한다.

② 비상상황 발생 시 총지배인(Managing Director)에게 통보한다.

③ 최고 경영층과의 직접 연락이 가능한 회사와 선박 간 연락망을 제공한다.
④ 선박의 안전과 해상오염 가능성에 대하여 감시하고, 필요 시 적절한 자재와 육상 지원이 가능하도록 조치한다.
⑤ 본사 사무소와의 통신수단을 유지하고 지속 확인한다.
⑥ 여객 및 승무원이 여객선을 떠날 때 사용할 상륙정(Launch Craft)의 종류 및 숫자에 대해서 사무실과 선박에 권고한다.

(3) 선장의 책임과 의무

선장은 ECP에 명시된 절차를 준수하여 발생피해를 최소한으로 줄이기 위해 필요한 모든 조치를 취해야 한다.

6) 비상지원팀 업무

(1) 크루즈 운항부장

① 비상지원팀장으로서의 업무
- 근무시간 이후에 선박으로부터 비상연락 수신
- 연락시간, 사고형태, 사고일시 및 다른 주요 사항의 기록
- 모든 비상지원팀의 호출
- 선박과 통신망 유지
- 비상상황실 유지 및 통상적인 전화 이용토록 선박에 통보

② 최고경영층에 보고
③ 대응팀과의 비상연락망 유지
④ 선박에서 발생한 비상상황을 팀원에게 알리고 직무 할당
⑤ 발생하는 사건과 정보를 홍보부서에 연락
⑥ 선박운항에 따른 안전과 오염적인 측면을 감시하고, 필요한 경우 적절한 자원과 육상지원을 확인하는 것이 포함된다.
⑦ 인근 피항 항구 이용 가능성 조사
⑧ 첫 보고 시 확인
- 해도상 선박위치 표시

- 관련 도면에 비상사태 상황 표기

⑨ 지원팀과 통신을 유지하고 상황에 따른 구조요청의 내용 파악 및 업무 지원

⑩ 선박의 선장과 통신유지 및 상황기록 유지

(2) 크루즈 영업부장 & 마케팅부장

① 승객명단 확보 및 관련 부서에 제공

② 사무실과 터미널에 안내요원 배치

③ 승객의 이송을 위한 비행기, 기차 등 교통수단 예약(필요시)

④ 승객 위한 호텔 예약(필요시)

⑤ 지방 해양청의 관리하에 여객 및 승무원 하선 시 지원팀장에 보고

⑥ 최신화된 승선 여객명단 및 가능한 직계가족 명단 확보

⑦ 선박 도착 시 하선지 명부 준비

⑧ 대리점 및 관련 업체에 통보

(3) 크루즈 업무부장

① 대중매체를 위한 대기실 및 회견장소 준비

② 친지들을 위한 충분한 의자, 탁자 및 휴식처가 있는지 확인

③ 비상시 사용할 교통수단이 이용 가능한지 확인

④ 비상지원팀 음식 제공

⑤ 물품공급 업무(필요시)

(4) 크루즈 호텔부장

① 호텔 수배 및 인근 지역의 이용 가능한 설비의 수배 확인

② 비상상황 시 여객과 승무원을 위한 수송수단, 편의시설 및 식사의 제공

③ 비상지원팀장에 호텔 및 기타 필요사항의 정보 제공

(5) 크루즈 사무소장

① 크루즈 운항부장 및 비상지원팀 지원 및 지시 사항에 대한 현장수행 지원

② 지방 해당 관청과의 연락(운항부장과 협의하여 진행)

- 해양경찰서

- 지방해양수산청
- 소방서
- 기타 지원기관

③ 항만 대리점으로서의 기능을 수행
④ 최신의 승선자 명단 제공
⑤ 구급차를 수배하고 병원과 의료 센터에 연락
⑥ 승객 및 승무원 하선 시 지원
⑦ 현장에서 선박 지원

(6) 비상시 부속 선의 역할

① 수색·구조 및 이송
② 소화 작업
③ 염방제 작업
④ 예인

세계의 주요 항해구역과 크루즈 상품 판매

CHAPTER 6

세계의 주요 항해구역과 크루즈 상품 판매

제1절 세계의 주요 크루즈지역

1. 주요 크루즈지역

세계의 주요 크루즈지역은 카리브해, 지중해, 알래스카 지역 및 유럽 등이며, 카리브해를 제외하고, 계절에 따라 운항하는 지역이 달라지기도 한다. 아직 아시아·태평양지역은 크루즈의 주요 목적지로 여겨지지는 않지만, 1992~2001년 동안 134% 성장하여 세계시장에서 3.5%의 점유율을 나타내며, 꾸준한 성장세를 보이고 있다. 아시아·태평양지역은 전통적으로 남태평양, 동남아, 극동아시아 및 태평양횡단으로 구분된다.

2. 세계의 주요 크루즈지역과 최적 크루즈시기

대부분의 크루즈지역은 계절에 따른 수요변화가 있으므로 카리브해의 경우 10~3월 사이에 수요가 많은 편이고, 4~9월 사이에는 지중해에 가장 많은 수요가 집중되는 편이다. 이에 비해 알래스카 및 북유럽 등과 같이 지구 북반구지역은 하절기 수요가 많은 편이고, 호주, 뉴질랜드 및 남미 등과 같은 지구 남반구지역은 동절기 수요가 많은 편이다.

표 6-1 | 세계 주요 크루즈지역과 계절

월별 크루즈지역별	1	2	3	4	5	6	7	8	9	10	11	12
알래스카						◎	◎	◎	◎			
아마존	◎	◎	◎									◎
남극대륙	◎	◎									◎	◎
영국 주변지역					◎	◎	◎	◎	◎			
남미지역	◎	◎	◎							◎	◎	◎
호주/뉴질랜드	◎	◎	◎							◎	◎	◎
카리브해	◎	◎	◎	◎	◎	○	○	○	○	○	○	◎
지중해				◎	◎	◎	◎	◎	◎	◎		
멕시코해안/미국 서부해안	◎	◎	◎								◎	◎
노르웨이 북단 · 피오르/ 아이슬란드						◎	◎	◎				
홍해/동아프리카/인도양	◎	◎	◎							◎	◎	◎
동남아시아	◎	◎	◎							◎	◎	◎
남태평양				◎	◎	◎	◎	◎	◎			
세계일주	◎	◎	◎	◎								◎

제2절 세계의 크루즈 목적지와 기항항

크루즈지역을 살펴보기 전에 몇 개의 용어들을 알아볼 필요가 있다. 각각의 크루즈지역은 승선지점(Point of Embarkation)으로 사용되는 특정한 항구도시를 가지고 있다. 승선지점은 승객들이 크루즈를 시작하기 위해 배에 오르는 항구이다. 그리고 특정한 지역에서 각각의 크루즈선들은 승객들이 관광, 쇼핑, 문화, 역사체험 또는 이와 비슷한 활동을 하기 위해 배를 하선하는 데, 그 정박항을 기항항(Port of Call)이라 하며, 크루즈를 마치는 항구도시를 상륙지점(Point of Debarkation)이라 한다. 상륙지점은 승선지점과 동일 항구일 수도, 아닐 수도 있다. 크루즈승객들은 여행을 마치고 이 항구에서 하선한다.

크루즈선사, 승선지점, 기항항, 그리고 이들 지역에서 운항하는 몇몇 크루즈선사들을 살펴보자.

1. 북미권역 기항지(Cruising North America)

1) 알래스카(Alaska)

알래스카는 5월 말에서 10월 초까지 크루즈를 운항할 수 있다. 승선 항구는 알래스카의 앵커리지(Anchorage), 주노(Juneau), 휘티어(Whittier) 캐나다의 프린스루퍼트 비시(Prince Rupert, B.C), 밴쿠버(Vancouver)를 포함한다. 이들 항구 중에서 밴쿠버가 승선지점으로써 가장 많이 이용된다. 밴쿠버에서 출발하는 전형적인 7일 일정의 크루즈에서 기항항은 알래스카의 주노, 스캐그웨이(Skagway), 케치칸(Ketchikan), 글래시어 베이(Glacier Bay), 수어드(Seward) 등이 있다.

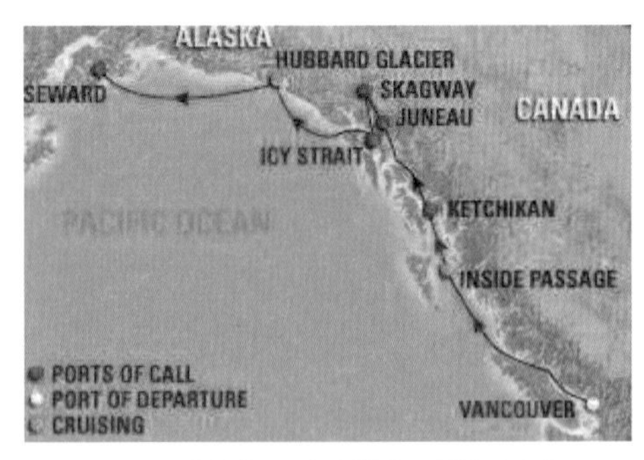

그림 6-1 | 알래스카 연안 기항지 및 운항노선

2) 북동부(Northeast)

대서양 해안을 순항하는 승선항구는 캐나다의 할리팩스(Halifax), 노바스코샤(Nova Scotia), 매사추세츠의 보스턴(Boston), 플로리다의 포트로더데일(Port Lauderdale)과 포트마이어스(Port Myers), 조지아의 서배너(Savannah)가 있다. 이 지역의 크루즈는 대부분 7일 일정이며, 7~14일 범위 내에서 일정을 제공한다. 크루즈의 기간에 따라 세인트 존스(St. John's)섬, 찰스턴(Charleston)에 기항한다. 할리팩스, 보스턴, 뉴포트(Newport), 뉴욕(New York), 볼티모어(Baltimore), 바 하버(Bar Harbor), 퀘벡시티(Quebec City)로부터의 운항도 크루즈 기간에 따라 포함될 수 있다.

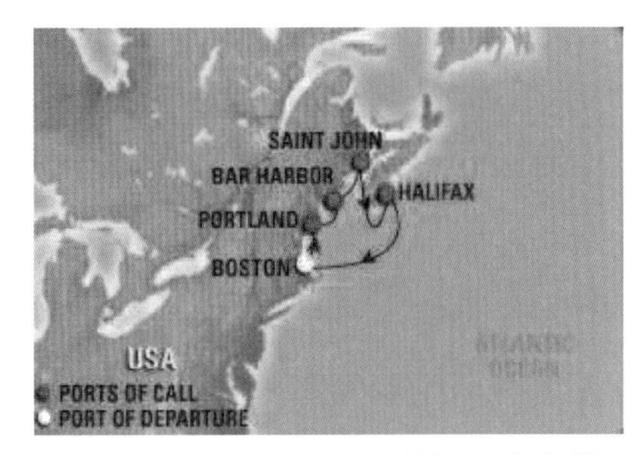

그림 6-2 | 대서양 해안 기항지 및 운항 노선

3) 미시시피강과 그 지류들(Mississippi River and Its Tributaries)

미시시피강은 일반적으로 수심이 얕고, 대형 크루즈선은 운항이 불가능하지만 소형 크루즈선박은 운항이 가능하다. 미시시피강을 운항하는 동안 카준음악축제(Cajun Music Festival)에 참여하고 여러 중요도시를 방문하며 미국 역사에 대해 많은 체험을 할 수 있다.

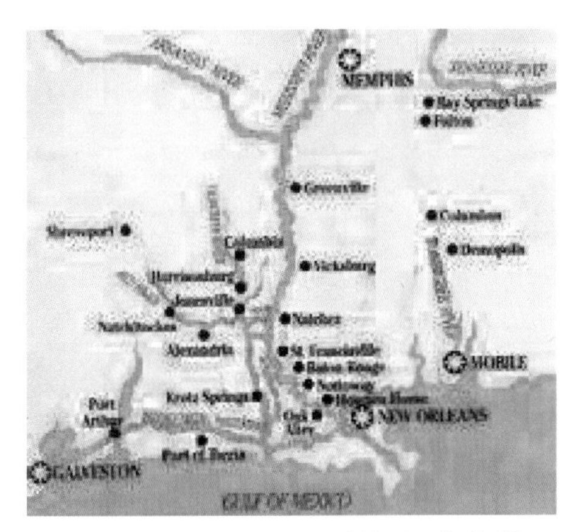

그림 6-3 | 미시시피강 기항지 및 운항 노선

4) 멕시코와 태평양 연안(Mexican and Pacific Ocean)

멕시코의 아카풀코(Acapulco)와 푸에르토 바야르타(Puerto Vallarta)와 캘리포니아의 로스앤젤레스(Los Angeles) 샌디에이고(San Diego)를 승선지점으로 하는 크루즈는 일반적으로 3~4일, 길게는 10~16일 정도 운항한다. 로스앤젤레스와 푸에르토바야르타를 운항하는 동안 캘리포니아 해안에서 26마일 떨어진 카탈리나(Catalina), 카보 산 루카스(Cabo San Lucas), 마사틀란(Mazatlan), 엔세나다(Ensenada)에 들른다.

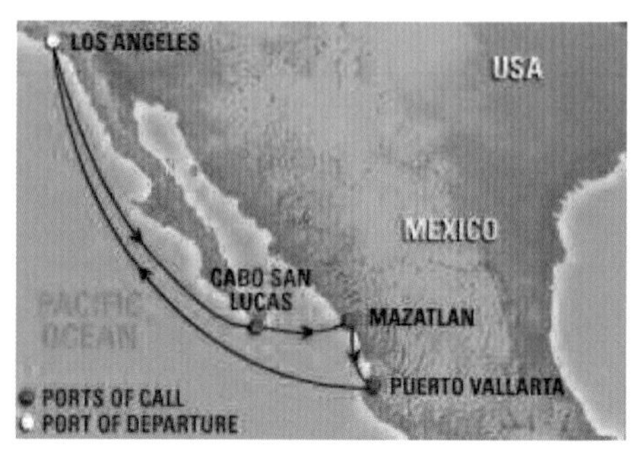

그림 6-4 | 멕시코 리비에라 기항지 및 운항노선

5) 카리브해(The Caribbean)

카리브해 연안은 세계 최고의 크루즈 운항지로 알려져 있다. 카리브해는 주로 동부, 서부, 남부의 세 지역으로 나뉘어 운항되며, 바하마(Bahamas) 지역은 네 번째 지역으로 포함하여 운항된다. 카리브해 전역은 서로 혼합하여 운항되며, 일 년 내내 크루즈항해가 실시된다.

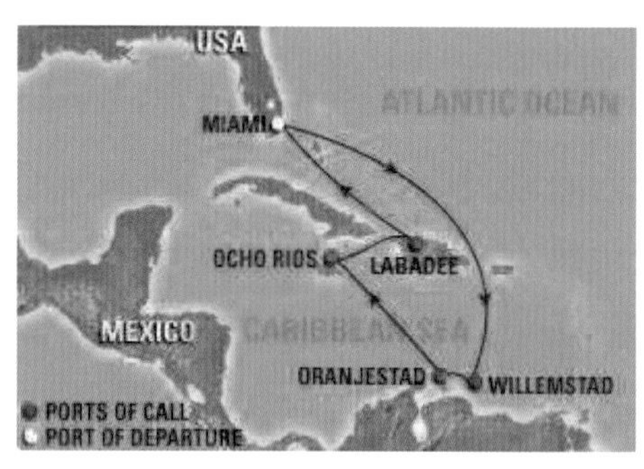

그림 6-5 | 카리브해 지역의 기항지와 운항노선

6) 바하마(The Bahamas)

바하마는 동쪽 카리브해와 혼합되어 운항되기도 하며, 일반적으로 3~4일 일정으로 운항된다. 일반적으로 플로리다 마이애미(Miami), 에버글레이즈(Everglades)항이 주요 승선항이며, 때때로 탬파(Tampa), 캐너브럴(Canaveral)항에서 승선하기도 한다. 바하마 지역의 주요 기항지는 나소(Nassau)와 프리포트(Freeport)항으로 쇼핑은 물론 역사적으로 흥미로운 유적지 등의 볼거리를 제공한다.

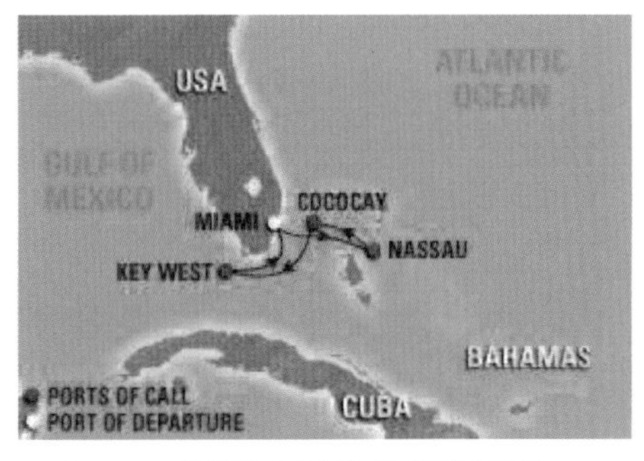

그림 6-6 | 바하마 지역의 기항지와 운항노선

7) 카리브해 동부(Caribbean-Eastern)

카리브해 동부지역의 항해는 7~14일 일정의 크루즈이며 일 년 내내 운항된다. 그러나 몇 개의 크루즈라인들은 겨울에 카리브해를 운항하고, 여름의 알래스카 운항을 위해 그들의 크루즈선을 옮긴다. 승선항은 마이애미(Miami), 에버글레이즈(Everglades)항, 탬파(Tampa), 푸에르토리코의 산후안(San Juan)이다.

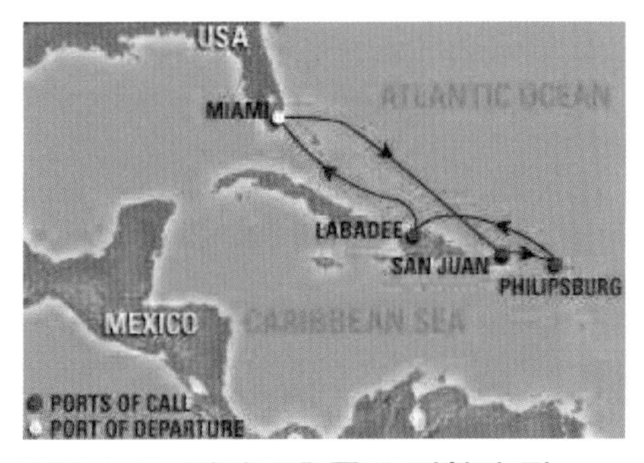

그림 6-7 | 카리브해 동부 기항지 및 운항노선

주요 기항지로는 세인트 토마스(St. Thomas), 세인트 크로이(St. Croix), 세인트 존(St. John), 세인트 마틴(St. Martin) 안티구아(Antigua), 과들루프(Guadeloupe), 마르티니크(Martinique) 등을 들 수 있다. 안티구아는 독특한 매력을 가진 열대섬이며, 과들루프, 마르티니크는 프랑스 문화 및 화산지형으로 매우 다양한 볼거리를 제공한다. 그 밖의 기항지로는 도미니카(Dominica), 세인트 루시아(St. Lucia), 세인트 빈센트(St. Vincent), 그레나다(Grenada), 세인트 키츠(St. Kitts) 등을 들 수 있다.

8) 카리브해 남부(Caribbean-Southern)

카리브해 남부는 주로 산후안(San Juan)에 승선한다. 주요 기항지로는 ABC섬이라 불리는 아루바(Aruba), 보네어(Bonaire), 큐라소(Curacao)이며 다이빙을 즐기기에는 최고의 장소이다. 또한 트리니다드(Trinidad), 바베이도스(Barbados) 등을 방문하여 이국적인 문화를 접할 수 있다. 카리브해 남부는 남아메리카의 베네수엘라 과이라(La Guaira), 콜롬비아 카르타헤나(Cartagena) 등의 기항항을 운항하기도 한다.

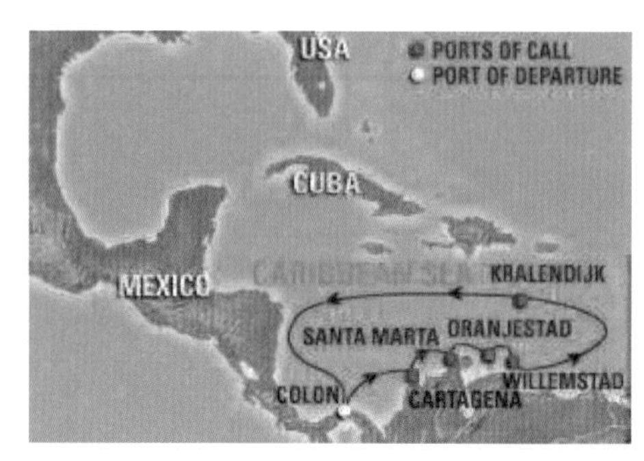

그림 6-8 | 카리브해 남부 기항지 및 운항노선

9) 카리브해 서부(Caribbean-Western)

바하마의 승선항구와 동일하며 때때로 휴스턴(Houston), 갤버스턴(Galveston), 뉴올리언스(New Orleans)에서 승선하기도 한다.

주요 기항지로는 유카탄반도(Yucatan Peninsula)의 칸쿤(Cancun), 코수멜섬(Cozumel Island), 케이맨섬(Cayman Island), 자메이카(Jamaica), 아이티(Haiti) 등이 있다.

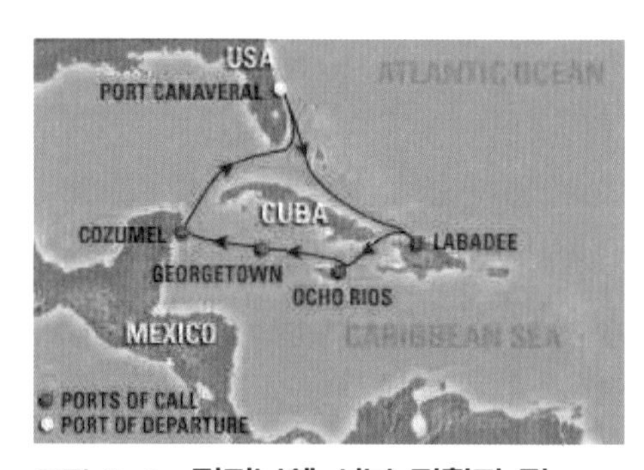

그림 6-9 | 카리브해 서부 기항지 및 운항노선

칸쿤은 멕시코인이 거주하며 마야문명으로도 유명하다. 다양한 볼거리와 함께 가까운 코수멜섬에서는 다이빙 및 낚시 등 해양스포츠를 즐길 수 있으며, 자메이카는 레게음악(Reggae Music)으로 유명하다. 또한 아이티에서는 프랑스와 아프리카의 조화된 문화를 감상할 수 있다.

2. 유럽 기항지(Cruising Europe)

1) 지중해 서부(The Western Mediterranean)

서부 지중해에는 크루즈 승선을 위한 많은 항구들이 발전되어 있다. 이 항구의 주축이 되는 나라는 스페인, 프랑스, 이탈리아이며 발레아리스섬(Balearic Island), 코르시카섬(Corsica Island) 사르디니아섬(Sardinia Island), 시칠리아섬(Sicily Island), 몰타섬(Malta Island) 역시 기항지로서 매우 인기 있는 곳이다. 또한 카나리아제도(Canaria Island)로 갈 수 있는 스페인의 지브롤터(Gibraltar) 역시 매우 인기 있는 승선항이다. 대표적인 기항항으로는 스페인의 바르셀로나(Barcelona), 프랑스의 니스(Nice), 이탈리아 로마(Roma) 등이 있다. 운항일자는 짧게는 3~4일, 길게는 7~14일 사이로 다양하다.

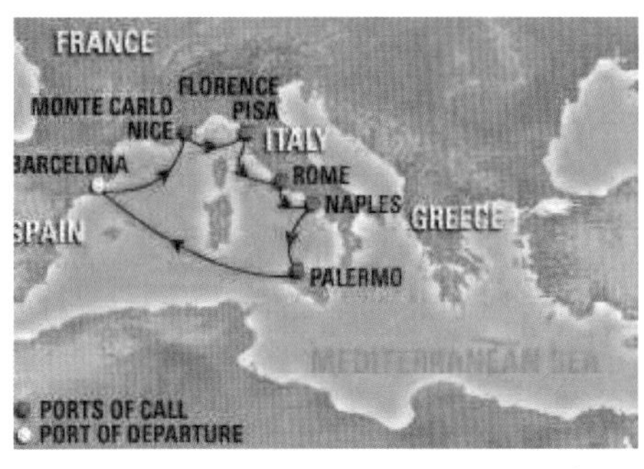

그림 6-10 | 서부 지중해 기항지 및 운항 노선

2) 지중해 동부(The Eastern Mediterranean)

동부 지중해에는 유럽 고대도시의 문명을 감상할 수 있는 많은 기항지들이 있다.

주요 승선항으로는 이탈리아의 베니스(Venice), 그리스 아테네(Athens), 크로아티아의 두브로브니크(Dubrovnik), 터키의 이스탄불(Istanbul) 등이 있으며, 코르푸(Corfu), 미코노스(Mikonos), 크레타(Crete), 산토리니(Santorini), 로도스(Rhodes) 등의 그리스 섬은 에게해에서 가장 인기 있는 기항지이다. 또한 유럽이 아닌 아프리카의 고대문명을 감상할 수 있는 기항지인 이집트의 알렉산드리아(Alexandria)까지 운항하는 것도 있다.

그림 6-11 | 동부 지중해 기항지 및 운항 노선

3) 대서양(Atlantic Ocean)

유럽 대서양을 운항하는 크루즈라인은 스페인 말라가(Malaga), 포르투갈 리스본(Lisbon), 프랑스 르아브르(Le Havre)가 주요 승선항이며, 때때로 아일랜드, 영국에서 승선하기도 한다. 운항일자는 대략 7~14일 정도로 긴 편이며, 카나리아제도를 병행하여 운항하기도 한다.

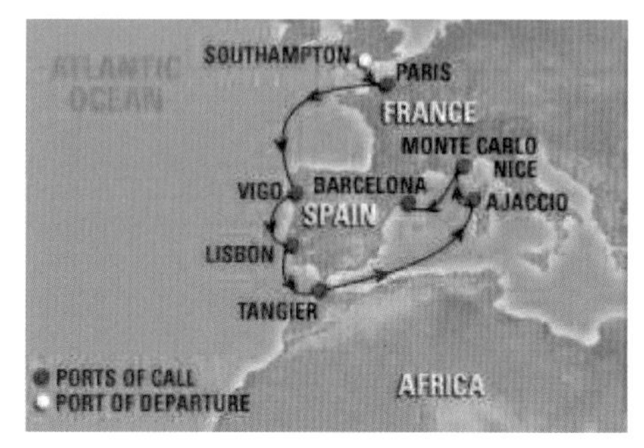

그림 6-12 | **대서양 기항지 및 운항노선**

4) 아일랜드, 영국과 북극해(Ireland, Great Britain, and The North Sea)

북서 유럽은 특히 매력적인 지역으로 명성을 떨치고 있다. 몇몇 크루즈항은 아일랜드(Ireland)와 영국(Great Britain)을 선회하며 네덜란드의 암스테르담(Amsterdam), 독일의 함부르크(Hamburg), 덴마크의 코펜하겐(Copenhagen), 노르웨이의 베르겐(Bergen) 등 대표적인 기항지들을 경유하여 운항한다.

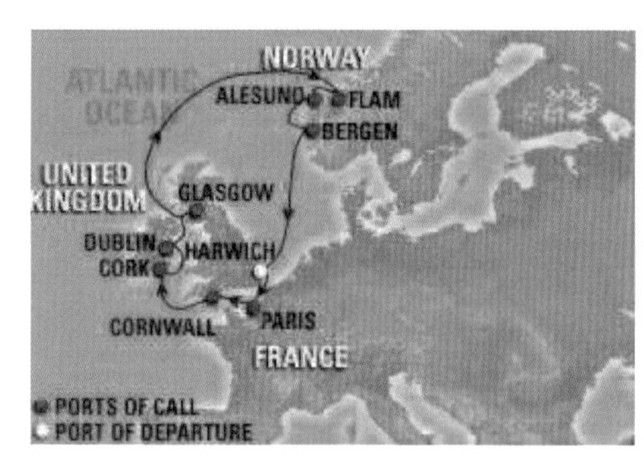

그림 6-13 | **아일랜드, 영국, 북극해 기항지 및 운항노선**

5) 발트해(Baltic Sea)

발트해는 유럽 여러 나라들과 인접해 있으며, 발트해로 향하는 승선항은 독일의 브레머하벤(Bremerhaven)과 함부르크(Hamburg), 덴마크의 코펜하겐(Copenhagen), 영국의 런던(London), 노르웨이의 오슬로(Oslo) 등에서 시작한다. 각 승선지점인 크루즈의 기항항은 스웨덴의 스톡홀름

그림 6-14 | **발트해 기항지 및 운항노선**

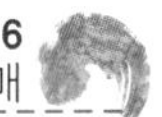

(Stockholm), 핀란드의 헬싱키(Helsinki), 러시아의 상트페테르부르크(St. Petersburg), 독일의 함부르크(Hamburg), 네덜란드의 암스테르담(Amsterdam) 등으로 다양하다.

6) 리버 크루즈(River Cruise)

가장 일반적인 리버 크루즈는 프랑스의 론강(Rhone), 독일의 라인 및 엘베강(Rhein and Elbe), 러시아의 볼가강(Volga)을 통해 운항되고 있다. 다뉴브강(Danube)은 오스트리아 비엔나(Vienna), 헝가리의 부다페스트(Budapest), 슬로바키아의 브라티슬라바(Bratislava) 등을 경유할 수 있어, 많은 관광객들이 선호하고 있다.

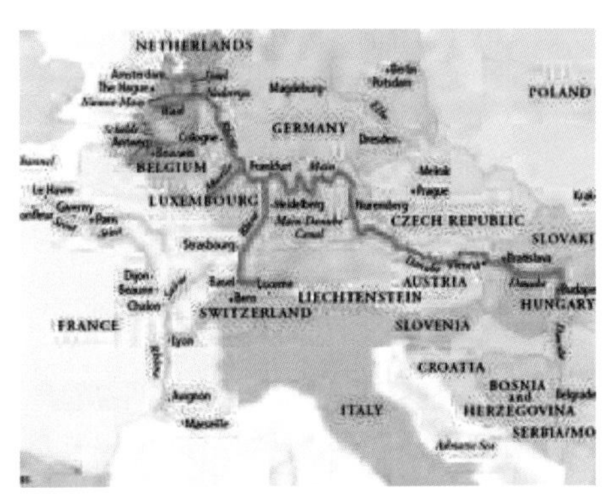

그림 6-15 | 리버 크루즈 기항지 및 운항노선

3. 기타 세계의 크루즈지역

1) 중남미(Central and South America)

현재 남아메리카 대서양 해안은 크루즈 운항에 매우 인기 있는 곳이다. 일반적으로 산후안(San Juan), 브라질의 푸에르토리코(Puerto Rico) 및 리우데자네이루(Rio de Janeiro)가 주요 승선항이다. 주요 기항지는 데빌스섬(Devil's Island)으로 브라질의 벨렘(Belem), 레시피(Recife), 살바도르(Salvador)에서 출항하기도 한다. 아마존(Amazon) 리버 크루즈를 이용할 때에는 브라질의 마나우스(Manaus)가 주요 기항지이다.

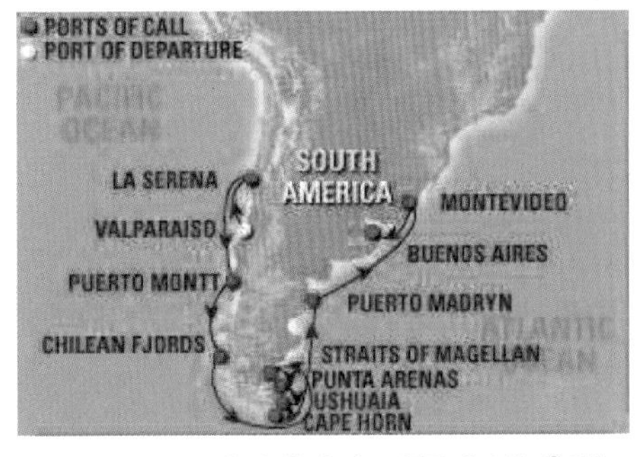

그림 6-16 | 남아메리카 기항지 및 운항노선

또한 남아메리카에서는 태평양 연안으로 출항하는 몇 달간의 긴 크루즈 일정을 제공하기도 한다. 주요 크루즈 운항노선은 우루과이의 몬테비데오(Montevideo), 아르헨티나의

부에노스아이레스(Buenos Aires)에서 승선하여 마젤란해협(Strait of Magellan)을 경유하여 태평양 연안으로 운항된다. 남아메리카 태평양 연안 주요 기항지로는 칠레의 발파라이소(Valparaiso), 페루의 칼라오(Callao)를 들 수 있다. 몇몇 크루즈선들은 남아메리카를 우회하기 이전에 남극대륙(Antarctica)을 거쳐서 가기도 한다. 자연생태계를 그대로 보존하고 있는 이스터(Easter), 갈라파고스(Galapagos)섬도 각광받는 기항지 중 하나이다.

2) 태평양(The Pacific)

태평양은 수천 개의 아름다운 열대섬이 퍼져 있으며, 타히티 및 피지는 남태평양 항해의 중요한 섬들이다. 파푸아뉴기니(Papua New Guinea), 뉴 칼레도니아(New Caledonia), 바누아투(Vanuatu), 사모아(Samoa), 통가(Tonga), 쿡 섬(Cook Island) 역시 남태평양의 주요 기항지 중 하나이며, 호주(Australia) 동쪽 해안의 섬들과 뉴질랜드(New Zealand) 주위에 위치한 많은 섬들 역시 중요한 기항지 중 하나이다. 크루즈 운항은 주로 11월과 다음 해인 4월 사이에 이루어진다. 또한 하와이는 20세기 초 인기 있는 크루즈 노선 중 하나로써 로열 캐리비안 크루즈라인은 연중 일주일을 기준으로 오아후(Oahu)섬부터 3~10일 일정의 크루즈를 제공한다. 주요 기항지로는 전형적인 7일 크루즈에서 카나이(Kanai)와 마우이(Maui)섬에 하와이의 큰 섬인 힐로(Hilo)와 코나(Kona) 및 호놀룰루(Honolulu)에 정박한다.

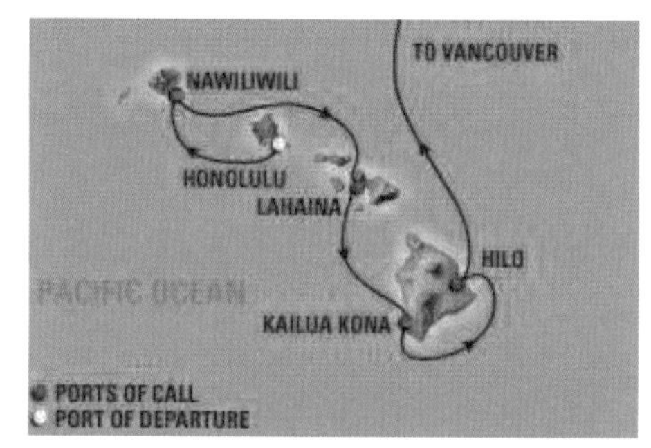

그림 6-17 | **하와이 기항지 및 운항노선**

3) 아시아(Asia)

아시아 기항지는 세 가지 유형으로 순항하는 특징이 있다. 인도네시아(Indonesia), 말레이시아(Malaysia), 필리핀(Philippines), 싱가포르(Singapore)의 많은 섬으로 구성되어 있는 기항지를 운항하거나, 인도(India), 스리랑카(Sri Lanka), 몰디브(Maldives) 등 서로 다른 문화를 연결시켜 운항하거나, 마지막으로 한국, 일본, 중국 등 지형상의 이점을 이용하여 운항하는 방법이다. 아시아 기항지는 주로 10월과 다음 해인 5월 사이에 승선하여 운항된다.

그림 6-18 아시아 기항지 및 운항노선

4) 아프리카(Africa)

북서쪽 아프리카의 주요 크루즈 승선항은 튀니지와 모로코에 있으며, 주로 카나리아제도(Canaria Island)와 마데이라제도(Madeira Island)를 운항하고 있다. 일반적으로 크루즈는 5월에서 10월 사이에 출항한다. 또한 아프리카 동쪽 해안 케냐의 몸바사(Mombasa) 및 다르에스살람(Dar es Salaam)의 주요 기항항이 있고 잔지바르(Zanzibar), 마다가스카르(Madagascar), 세이셸(Seychelles), 코모로(Comoros), 리유니온(Reunion), 모리셔스(Mauritius)섬 등 여러 기항지가 있다.

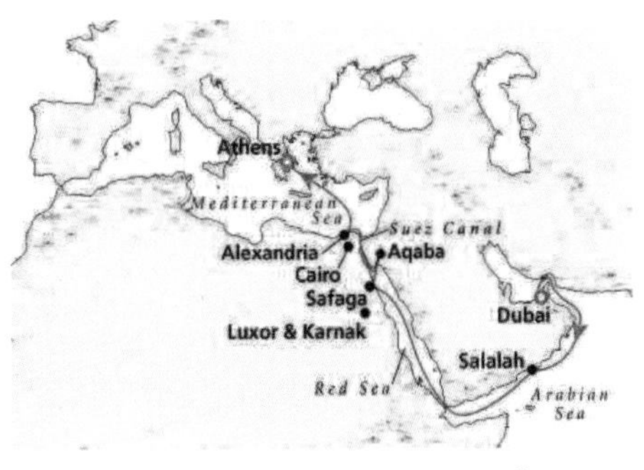

그림 6-19 | 아프리카 기항지 및 운항노선

표 6-3 | 크루즈지역별 시즌 및 주요 승선항과 기항항

지역	주요 승선항과 기항항	시즌
알래스카	밴쿠버(Vancouver), 시애틀(Seattle), 앵커리지(Anchorage)	5월~10월
북미 북동부	뉴욕(New York), 몬트리올(Montreal)	늦은 봄~가을
북미-리버	미시시피 강 항구(Mississippi River ports)	매년
멕시코 태평양 연안	로스앤젤레스(Los Angeles), 샌디에이고(San Diego), 아카풀코(Acapulco)	겨울
바하마	마이애미(Miami), 캐너브럴(Port Canaveral), 탬파(Tampa), 에버글레이스(Port Everglades)	매년
카리브해-동부	마이애미(Miami), 에버글레이스(Port Everglades), 산후안(San Juan)	매년
카리브해-남부	산후안(San Juan), 아루바(Aruba), 바베이도스(Barbados)	매년
카리브해-서부	마이애미(Miami), 에버글레이스(Port Everglades), 캐너브럴(Port Canaveral), 탬파(Tampa), 휴스턴(Houston), 갤버스턴(Galveston), 뉴올리언스(New Orleans)	매년
지중해-서부	바르셀로나(Barcelona), 니스(Nice), 치비타베키아(Civitavecchia)	늦은 봄~초가을
지중해-동부	베니스(Venice), 이스탄불(Istanbul), 피레우스(Piraeus)	늦은 봄~초가을
유럽-대서양	말라가(Malaga), 런던(London), 리스본(Lisbon), 르아브르(Le Harve)	늦은 봄~초가을
아일랜드, 영국, 북해	런던(London), 코펜하겐(Copenhagen)	늦은 봄~초가을
유럽-발틱해	함부르크(Hamburg), 코펜하겐(Copenhagen), 상트페테르부르크(St. Petersburg)	늦은 봄~초가을
유럽-리버	론(Rhone), 라인(Rhein), 엘베(Elbe), 볼가(Volga), 다뉴브 항구(Danube Port)	늦은 봄~초가을
중남미	산후안(San Juan), 리우데자네이루(Rio de Janeiro)	10월~익년 4월
태평양	다양한 항구 이용(Various)	11월~익년 4월
아시아	다양한 항구 이용(Various)	10월~익년 5월
아프리카-북서	다양한 항구 이용(Various)	5월~10월
아프리카-동부	몸바사(Mombasa), 다르에스살람(Dar es Salaam)	11월~익년 3월
아프리카-서부	다양한 항구 이용(Various)	11월~익년 3월

자료 : Marc Mancini, Ph.D., *CRUISING : A Guide to the Cruise Line Industry*, p. 111

제3절 여행업과 크루즈업무

1. 여행업과 크루즈여행

크루즈여행이 초기에 이루어진 것은 영국의 사우샘프턴(Southampton)에서 식민지 내에 있는 뉴욕까지 항해하는 것이었다. 서쪽으로의 항해 시에 누구나 좌현객실(Port Cabin: 배의 왼쪽에 있는 선실)을 요구했으며, 돌아올 때는 우현객실(Starboard Cabin: 배의 오른쪽에 있는 선실)을 요구했다. 이러한 방법으로 엘리트 크루즈승객들은 따뜻한 남쪽으로 트인 선실에서 여행을 즐겼다.

크루즈사업의 활성화가 여행사에는 음악과 같이 즐거운 것이었다. 대부분의 여행사들은 크루즈상품 판매를 선호한다. 크루즈를 이용했던 크루즈 승객 대다수가 고객 불만을 거의 드러내지 않기 때문이다. 많은 크루즈 고객들은 일 년에 한두 번, 또는 매년 여행을 한다.

크루즈에서는 일반적으로 선불을 할 경우 고객에게 몇 가지 직접적인 이익을 준다. 선불은 고객에게 명백한 이익처럼 느껴지지는 않지만 이것은 틀림없이 이익이 되는 것이다. 왜냐하면 고객이 여행 중에 개인적으로 부대시설에 대해 일일이 지불하는 번거로움이 없을 뿐만 아니라, 총 여행경비를 더 정확하게 알 수 있게 해주기 때문이다. 국제적인 항구들을 경유한다면, 출발하는 크루즈에서 선불하는 것이 외국통화의 변화에 현명하게 대처하는 이점이 있기 때문이다.

크루즈여행에서 서비스는 승객들이 즐기는 놓칠 수 없는 이익이다. 많은 크루즈선사들은 1~2명의 승객을 위해 한 명의 승무원을 배정한다. 이와 같은 비율의 결과는 일반적으로 훌륭한 서비스와 높은 관심으로 나타난다. 서비스가 최고인 이유는 모든 승무원들이 그들이 하는 일을 즐기고 있기 때문일 것이다.

크루즈여행은 숙박, 이동, 식사, 오락 등 모든 것을 포함하고 있으며, 고객의 집으로부터 항구도시로의 왕복 항공운송수단과 같은 요소들까지도 포함한다.

수직적 여행자이자 때로는 수평적 여행자이고 싶은 여행자들에게 크루즈만큼 만족스러운 휴가프로그램은 없을 것이다. 수직적 여행자들은 모든 것을 보고, 즐기고 싶어

하기 때문에 크루즈에서는 많은 형태의 오락, 사교, 레크리에이션 활동 등을 제공한다. 수평적 여행자들은 수영장 주변에서 좋은 책을 읽으면서 시원한 음료수 한 잔에 가장 행복해 한다. 다시 말해 크루즈에서는 수평적 여행자들을 위해 긴장완화를 제공한다. 크루즈에서 승객들은 모든 것을 할 수 있으며 또 전혀 하지 않아도 된다.

2. 여행업의 크루즈 예약업무

선박과 항해날짜를 선택한 다음 고객은 요금종류를 선택해야 한다. 일반적으로 크루즈상품은 가능한 한 빨리 예약하는 것이 좋다. 크루즈상품을 예약하면 크루즈회사는 구두로 예약을 확인한다. 대부분의 경우 고객은 7일 안에 크루즈회사에 크루즈비용을 지불해야만 최종 크루즈 예약이 이루진다. 지불 마감시간은 선택한 날짜에 따라 달라진다. 만약 예약할 때 선택한 날짜까지 크루즈회사에 금액이 지불되지 않으면 그 예약은 자동으로 취소된다. 마지막 요금지불은 보통 선박의 항해 전 45~60일 안에 완료되어야만 한다.

예약할 때 승객들은 이른 식사를 할 것인지 늦은 식사를 할 것인지 미리 신청한다. 또한 한 테이블에서 몇 명이 식사할 것인지, 금연구역을 원하는지의 여부도 함께 결정해야 한다. 특별한 식이요법을 하거나 의학적 장애가 있는 경우에는 크루즈회사의 담당의사도 이를 알고 있어야 한다.

어떤 선박은 항해 전까지 객실을 지정하지 않는다. 이 경우 크루즈회사는 고객에게 요금보증제를 제공할 것이다. 이러한 유형은 승객이 원하는 요금범위 안에서 객실을 받을 것이라는 약속이다. 그러나 특별한 객실은 보증되지 않는다. 만약 요금보증을 이용할 수 없다면 크루즈회사는 승객이 원하는 객실유형을 위해 대기자 명단에 올릴 것이다. 크루즈여행 요금을 모두 지불한 승객은 계약금만 낸 승객들보다 대기자 명단에서 높은 우선권을 갖는다.

몇몇 크루즈선사는 일부분의 기본금이라 불리는 비용을 제공한다. <표 6-4>는 여행사에서 예약업무를 실행할 경우에 사용하는 고객정보사항의 항목들이다.

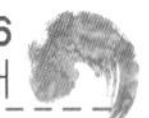

표 6-4 | 예약정보 항목

1. 승객이름	2. 여행 스케줄
3. 이용할 수 있는 시간	4. 모든 경비
5. 서비스 등급	6. 객실 요구사항
7. 활동 정도	8. 원하는 항해날짜
9. 식사준비 시 요구사항	10. 육지에서의 짧은 여행

크루즈여행의 예약 취소 시 대부분 수수료를 지불해야 한다. 취소수수료 규정과 여행 조건은 계약금이 지불되기 전에 승객에게 정확히 명시되어야 한다.

크루즈여행은 때때로 비자나 여권을 요구하는 나라의 여행지도 방문한다. 승객들은 어떠한 건강상태이며 안전한 여행을 위한 검역과 관련된 서류까지 모든 여행서류가 갖추어져 있어야 한다. 여행자보험은 취소수수료와 여행 중 피해로부터 승객을 보호하기 위해 권장한다. 계약금이 지불된 후에 승객은 다음의 정보를 포함한 영수증을 받게 된다. <표 6-5>는 계약 후의 고객에게 전달되는 사항이다.

표 6-5 | 고객전달용 예약정보

1. 선박이름	2. 항해일
3. 요금부문 구분	4. 객실형태
5. 여행지역	6. 승선할 항구
7. 종착할 항구	8. 객실번호
9. 객실당 승객 수	

3. 크루즈 브로슈어에 의한 판매

대부분의 여행사에서 브로슈어는 크루즈여행상품의 판매를 위해 가장 널리 사용되는 방법이다. 크루즈 브로슈어의 앞쪽 페이지에는 일반적으로 즐거워하는 승객들, 갑판에서의 활동, 음식, 기항항의 사진으로 구성된다. 여행사와 고객들은 이러한 모습으로부터 많은 것을 알 수 있다. 이 사진들을 통해서 여행사의 담당자는 크루즈여행의 등급

그림 6-20 | 코스타 크루즈 브로슈어

수준을 이해할 수 있다. 선실의 모습과 승객의 옷을 통해 크루즈가 보통 등급인지 딜럭스 등급인지에 대해 판단할 수 있다.

크루즈여행에 적합한 연령대는 몇 살인가? 사진 속의 승객들은 대부분 아이들을 동반한 젊은 가족인가 아니면 노년층인가? 이 사진은 즐거움과 활동에 더 많은 비중을 두었는가? 아니면 스트레스 해소를 위한 품위 있는 분위기인가? 이들 브로슈어의 내용은 고객들이 크루즈상품을 선택하는 데 도움을 준다.

몇몇 크루즈회사는 특별한 주제의 여행을 개발해 왔다. 이들 목록은 브로슈어의 앞부분에서 볼 수 있다. 주제 크루즈여행의 몇몇 예들은 큰 밴드, 재즈, 50년대와 60년대 음악, 포커, 풋볼, 야구, 자연연구와 고고학을 체험할 수 있도록 계획된다.

일반적으로 크루즈회사는 몇 척의 배에 대하여 두세 장의 사진을 싣고 있다. 각 선박의 갑판시설, 일정, 기항항, 운항일수, 선실요금 등에 대한 것들이 이 페이지의 내용이다. 크루즈여행상품의 판매에 대한 대부분의 정보는 'individual ship page'에서 알 수 있다.

크루즈 브로슈어의 뒷부분에는 승객의 거주지에서 항구까지 항공요금의 부과 여부가 실려 있다. 더불어 이들 차트는 승객이 무료 항공요금을 받을 자격이 있는지, 제한요인은 무엇인지를 설명해 준다. 또한 브로슈어의 뒷부분에는 크루즈여행 전후에 대한 정보가 있다. 이것들은 일반적으로 항구도시의 호텔패키지에 관한 것이고 렌터카와 갈아타는 곳이 포함된다. 브로슈어의 뒤쪽 페이지에는 'General Information' 또는 'the fine print'라고 이름 붙여진다. 여기에서는 계약금과 최종 지급요금, 만기일, 예약취소 규정, 예약취소보험, 부두에서의 주차, 팁제도, 입·출항시간 등에 대한 정보를 얻을 수 있다.

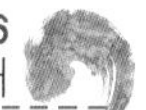

4. 선실 선택과 가격 결정

예산책정과 최대의 안락함을 제공하는 선실 선택은 여행사가 고객을 돕기 위해 노력해야 하는 가장 중요한 부분이다. 일반적으로 이러한 것은 말처럼 쉬운 것이 아니다.

그림 6-21 | 커나드사의 퀸매리2호 스위트 룸

낮은 가격의 장점을 가진 선실의 경우 두 가지 단점이 있다. 낮은 가격의 선실은 높거나 낮은 침실이 비치되어 있는데 몇몇 승객(특히 노인)들에게 이러한 선실은 좋지 않다. 또한 이들 선실은 뱃머리나 선박의 뒷부분에 위치한다. 뱃머리와 배 뒷부분에서 어떤 움직임이 있는지 보자. 앞과 뒷부분에 있는 선실은 중간에 위치한 선실보다 더 많이 흔들린다. 밑 갑판과 중간에 위치한 선실은 중력의 중심에 더 가깝다. 물리학적으로 보았을 때 중력의 중심이나 근처에 위치한 선실이 더 적게 움직인다는 것을 보여준다.

큰 선실과 스위트룸은 높은 갑판에 위치한다. 이들 선실은 바다와 항구의 아름다운 전망을 제공한다. 그러나 높은 곳의 선실은 낮은 갑판의 선실보다 흔들리는 것을 더 많이 느끼게 된다.

크루즈 브로슈어에서 보듯이 선실은 가격에 따라 색이 결정된다. 이들 차트에서의 가격은 하나의 선실에 두 명의 어른을 기준으로 개인당 책정된 요금이다. 차트에는 다른 항해시즌을 반영하는 두 개 이상의 가격이 있을 수 있다. 날씨가 좋은 성수기는 가장 비싼 때이다. 비수기는 가격이 가장 낮고 날씨가 별로 좋지 않은 시기이다. 시즌은 나라에 따라 다르다는 것을 숙지해야 한다. 예를 들어, 알래스카의 성수기는 카리브해의 성수기와 반대이다.

1) 기본가격 결정

10월 16일 항해에서 선실 6의 한 커플에 대한 총 항공·항해요금은 얼마일까? 10월 16일 항해는 'Value'날짜이고, 선실 6은 개인당 1,619달러이기 때문에 1,619달러 × 2명= 3,238달러이다.

가격차트에서 크루즈요금은 주요 북아메리카 도시로부터의 왕복 여행요금을 포함하기 때문에 만약 항공운송수단이 필요하지 않다면 가격차트 아랫부분의 'Cruise Only Travel Allowance'를 살펴보자. 항공운송수단이 필요하지 않은 승객은 차트의 가격에서 개인당 250달러를 빼야 한다.

만약 고객이 그들의 10월 16일 항해에 포함된 항공요금을 원하지 않는다면 그들의 총 크루즈요금은 1,619 - 250(Cruise only travel allowance) × 2명=2,738달러가 된다. 그러나 3,238달러 또는 2,738달러를 고객에게 제시하지 않는다. 왜냐하면 아직 크루즈요금에 항구요금, 관세 또는 미국 출발세금(때로는 국제출발세라고 부름)을 더하지 않았기 때문이다.

2) 개인여행의 가격 결정

가격차트를 사용하여 4월 3일 항해의 카테고리 3에서 싱글 여행자를 위한 항공·항해요금은 1,509달러 × 1.5(150%)=2,263.50달러이다. 이것에 69달러 항구요금, 1.50달러의 세금, 3달러 미국 출발세를 더하면 이 고객에 대한 총비용은 2,342달러가 된다.

만약 동일한 고객이 예를 들어, 카테고리 6의 더 높은 선실 카테고리를 원한다면, 1,769달러 × 2(200%)=3,538+69(항구세), 6.50(관세), 3(미국 출발세)이므로 총 3,616.50달러이다.

개인 여행자가 많은 돈을 절약할 수 있는 다른 상품이 있다. 이러한 선택품들은 아래 'Guaranteed Share Fare'에 자세히 설명되어 있다.

3) 3~4명의 가격 결정

2명 이상의 승객이 동일한 선실에서 여행할 때에는 세 번째, 네 번째 승객을 위한 가격 인하가 있다.

가격차트 아랫부분에서 세 번째와 네 번째 승객을 위한 비용을 볼 수 있다. 그러나 이것은 단지 크루즈요금이다. 이것은 항공요금이 포함되지 않은 것을 의미한다. 만약 모든 승객들이 항구도시까지의 항공운송을 원한다면 여행사는 세 번째와 네 번째 승객을 위한 총 항구요금을 더하여 계산해야만 한다.

카니발사는 여행사가 크루즈회사에 전화할 때 요청하는 추가된 승객에 대한 'add- on airfare'를 제공한다. 다른 선택은 최상의 이용 가능한 항공요금을 사용하고 승객들이 첫 번째와 두 번째 승객과 같이 동일한 항공사에 예약할 수 있도록 하는 컴퓨터예약시스템(CRS)에 추가된 승객을 예약하게 하는 것이다.

우리가 마이애미(항구도시)에 사는 4명의 가족이 있다고 가정하자. 이들 가족의 총비용을 계산하기 위하여 가격차트를 사용한다. 그들은 4월 17일 선실 카테고리 4를 이용하여 여행하기로 결정했다.

가격결정을 위한 계산은 다음과 같다.

항공운송수단 없이 4월 17일 선실 카테고리 4로 여행하는 4인가족의 가격을 책정해 보자.

- 첫 번째, 두 번째 승객의 요금 : 1,499 × 2명=2,998달러
- 첫 번째, 두 번째 승객의 Cruise only travel allowance : 250 × 2명=50달러
- 세 번째, 네 번째 승객의 크루즈요금 : 399 × 2명=798달러
- 항구세 : 69 × 4명=276달러
- 미국 출발세 : 3 × 4명=12달러
- 관세 : 6.50 × 4명=26달러
- 4인가족의 총비용=4,160달러

4) 특별할인요금

많은 크루즈선사들은 다른 싱글 승객과 선실을 공유하고자 하는 싱글여행자에게 여행비용을 절약할 수 있는 옵션을 제공한다. 비용절약은 실용적인 것이다. 승객들은 전혀 안면이 없는 승객과 선실을 공유해야 한다. 만약 크루즈선사가 룸메이트를 찾지 못

한다면 고객은 낮은 요금을 그대로 유지하고 선실은 고객 혼자서 사용한다.

650달러의 특별할인요금(Guaranteed Share Fare)을 볼 수 있다. 이 요금은 크루즈에서 개인당 적용된다. 이것에 항구세, 미국 출발세, 필요하다면 항공요금을 더한다. 항공운송수단을 얻기 위한 선택은 3~4명의 경우에서 묘사된 것과 동일하다.

5. 비교분석

고객이 크루즈를 원한다고 말하고 당신에게 크루즈보다 500달러 저렴한 리조트의 광고를 보여준다면 당신은 어떻게 할 것인가? 첫째로 당신은 리조트 패키지에 무엇이 포함되어 있는가를 정확하게 보고 관찰해야 한다. 결과적으로 이러한 형태의 휴가는 호텔과 호텔까지의 이동수단을 포함한다. 몇몇 경우에 왕복 항공운송수단은 이 리조트 휴가에 포함된다.

크루즈와 리조트 패키지를 정확하게 비교하기 위해서 포함된 내용들은 동일하게 만들어져야 한다. 예를 들어, 크루즈의 비용은 모든 식사를 포함하나 리조트 휴가는 그렇지 않은 것을 들 수 있다.

6. 확인 편지

고객의 크루즈 계약금을 받은 후 고객에게 확인 편지를 보내는 것은 모두에게 이로운 것이다. 이러한 절차를 밟음으로써 고객을 위해 무엇이 예약되었는지 정확하게 기입할 수 있다. 만약 고객 또는 여행사의 실수가 있었다면 이것은 확인 편지에 의해 바로잡힐 수 있다. 편지에는 쓰여야 할 네 개의 주요 정보영역이 있다.

편지의 시작은 사업적 입장에서 고객을 생각한다. 그리고 무엇이 예약되었는지 정확하게 언급하고, 예약의 진행 또는 상태를 언급한다. 고객에게 지불된 가격 안에 무엇이 포함되고 포함되지 않았는지 보여준다. 어떤 여행상품이건 간에 해약 시 벌금을 내야 한다. 고객에게 크루즈선사의 해약정책을 말하고 만약 이미 구매되었다면 해약보험을 추천해 준다.

투어 오퍼레이터(tour operator)를 가진 많은 크루즈선사는 그들 스스로 해약보험을 제공하고 있다. 몇 개의 주요 보험회사들은 여행해약·중간보험을 제공하나 크루즈선사에서 제공되는 정책보다 더 많은 비용이 든다.

제4절 여행업과 크루즈상품의 구성

1. 크루즈 관련 서류

항해하기 약 2~3주 전에 크루즈선사는 여행사에 크루즈승선서류를 전달한다. 이들 우편물은 크루즈티켓, 항공티켓(항공/항해일 경우), 수화물 꼬리표, 상륙서류양식, 일반정보, 크루즈 딥, 항송신에 대한 증빙서류, 항해신물 주문서 등이다. 몇몇 여행사는 그들의 고객에게 여행선물을 보낸다. 일반적으로 선물비용은 개인 여행사가 아닌 대리점이 부담한다. 비록 대리점이 선물비용을 지불할지라도 여행사의 이름은 카드에 같이 나온다. 와인 한 병은 좋은 선물이다. 선물은 선실에 비치될 수도 있고, 저녁식사에 제공될 수도 있다. 다른 여행선물은 갑판구매에 대한 고객계정의 돈 지불, 전채요리, 꽃꽂이, 과일 바구니 등이다.

많은 여행사들은 여행선물로 꽃과 과일을 원하고 있다. 만약 꽃이 크루즈가 끝날 때까지 신선하다고 해도 승객이 집으로 그 꽃을 가져가는 것을 미국 관세법은 금하고 있다. 몇몇 크루즈는 충분한 여행과일 바구니를 만들어 각각의 선실에 신선한 과일을 무료로 제공한다. 항해선물 주문서는 비록 선물이 보내지지 않더라도 여행사에 의해 고객 우편물에서 제거되어야 한다.

각각의 우편물은 각 기항항에 대한 상륙서류를 포함한다. 승객은 이 양식을 완성해서 기항항에 상륙하기 전에 사무장에게 주어야 한다. 상륙서류는 기항항의 정부가 들어온 방문객을 감독하는 데 도움을 준다(국적, 입국방법 등). 여기에서 든 예는 바하마의 상륙양식이다.

고객 크루즈 우편물을 받았을 때 모든 것을 검사하고, 정보가 정확한가를 확인해야 한다. 6월 2일자 크루즈티켓을 가지고 6월 9일에 여행하는 고객은 반갑지 않다. 만약 고객이 물어본다면 고객에게 우편물 안에 있는 각각의 아이템을 설명할 수 있도록 준비해야 한다.

일단 정보가 확인되면 고객과 접촉하여 우편물 도착을 알려야 한다. 대부분의 크루즈 승객들은 우편물을 받기 위해 사무실에 오기를 원한다. 이때 고객과 함께 우편물의 내용을 다시 한번 살펴보아라. 우편물의 내용 설명은 쉬운 일이다. 이때가 고객에게 크루즈를 위해 요구되는 다른 서류(여권, 생년월일 확인서, 이입확인서 등)를 상기시킬 좋은 기회이다.

서류를 우편으로 보낼 것을 요구하는 고객도 있다. 우편물은 현금으로 교환 가능한 크루즈와 항공 티켓이 들어 있다. 때문에 대부분의 여행사는 확인된 서류를 우편으로 보내고, 영수증을 받을 것을 추천한다. 이러한 절차를 거쳤을 때 만약 우편물이 분실되면 확인 넘버로 추적할 수 있다. 누가 우편물을 받았으며 언제 도착했는지에 대한 기록을 알 수 있다.

2. 즐거운 여행

대부분의 크루즈여행은 항구도시까지 비행기로 온 승객으로 시작된다. 다음에 무엇이 이루어질까? 첫째, 승객은 수화물을 찾는다. 공항의 수화물 찾는 장소 근처에 크루즈선사를 나타내는 플래카드를 든 크루즈선사 대리인이 있다. 승객은 수화물을 대리인에게 맡긴다. 동항 밖에는 몇 대의 버스와 밴이 있을 것이고 대리인은 어떤 것을 타야 하는지 승객들에게 설명할 것이다. 수화물은 트럭에 의해 부두에 내려지고 승객의 선실로 옮겨진다.

부두에서 승객은 일단 체크인을 한다. 이 과정에서 의무적으로 크루즈선사 대행사에게 크루즈티켓을 보여준다. 만약 승객이 TBA(To be assigned : 승객의 요금은 확인되나 선실의 번호는 확인되지 않은 크루즈요금정책, 항해를 시작하는 날 선실이 배정되고 이때 지불된 요금보다 더 좋거나 동일한 등급의 선실을 배정받는다)등급이라면 실제 선실번호는 이때 주어진다. 식사시간과 테이블 할당도 이때 이루어진다. 그러나 몇몇 크루즈에서 식사시간과 테이블 할당은 승객의 선실에 있는 카드에 기록되어 있다.

승객은 이제 승선할 준비가 되었다. 영화에서 여행파티는 승객의 출발을 기념하는 친구와 친척들로 이루어진다. 실제로 대부분의 크루즈선사들은 비승객이 승선하는 것을 허락하지 않는다. 이 규정은 테러를 방지하기 위한 안전장치이다.

3. 상륙여행

크루즈가 완료되면 대부분의 선사들은 표준상륙절차를 행한다. 각각의 승객은 색이 다른 꼬리표로 구분된 상륙시간을 할당받는다. 1,000명의 승객이 한꺼번에 배를 이탈하려는 것을 피해야 한다.

배가 본 항에 도착하면 배와 승무원들은 통관수속을 받아야 한다. 통관공무원은 통관수속을 위해 승선한다. 일단 배와 승무원이 통관수속을 받고 나면 승객들 차례가 된다. 몇몇 도시는 항구에 통관사무실을 가지고 있으나 그렇지 않은 곳도 있다. 영구적인 통관사무실을 가지고 있는 도시에서 승객들은 수속을 밟기 위해 공무원에게 들고 있는 가방을 제시한다. 항구 통관사무실이 없는 도시에는 일반적으로 배의 가장 큰 공공장소에 일시적인 통관사무실을 설치한다. 승객과 짐은 이러한 일시적인 통관사무실에서 통관절차를 밟는다.

48시간 이상을 미국 밖에 있었던 미국시민은 총 400달러의 면세품(수입무관세)을 들여올 수 있다. 미국의 버진 아일랜드를 여행할 때는 1,200달러가 허용된다. 다른 카리브해 섬에 가는 승객들은 800달러의 면세가 허락된다. 만약 승객이 48시간 미만 동안 미국을 떠나 있었다면 25달러가 허락된다. 미국시민은 30일에 한 번씩 이것이 허용된다. 몇몇 품목은 미국 통관법에 의해 금지된다. 금지된 품목은 밀수품(Contraband)이라 불린다. 곤충, 병원균인 박테리아와 곰팡이가 제품에 존재할 수 있기 때문에 식물원료는 허용되지 않는다. 같은 이유로 과일과 채소 역시 미국으로 들여오는 것을 허락하지 않는다.

카리브해를 여행할 때 승객은 거북이껍질로 만든 물품과 쿠바시가를 구매할 수 있다. 그러나 이것들은 다른 이유에서 밀수품이다. 거북이껍질과 모든 거북이를 이용한 물품은 거북이가 멸종위기에 놓인 종으로 분류되기 때문에 금지되어 있다. 쿠바 시가(쿠바의 다른 물품들)는 쿠바와 미국 사이에 외교관계가 수립되지 않았기 때문에 미국으로 들여올 수 없다.

고객에게 제공하는 유용한 책자는 미국 통관청에서 발행한 『*Know Before You Go*』이다. 이 책에는 무관세품, 제한품목, 과다구입 시 관세적용 비율과 다른 유용한 정보가 포함되어 있다.

제5절 크루즈사업과 정보통신기술의 활용

크루즈선사의 정보수요는 항해기간이 길고 많은 시설이 필요하기 때문에 정보의 양과 범위가 다양하다. 크루즈선사는 컴퓨터 예약시스템이 필요하다. 크루즈선사는 개별적으로 그들의 상품과 승객에 관한 상세한 정보를 처리하고 있다. 크루즈는 항공사의 좌석이나 렌터카보다 더욱 복잡한 상품이다.

'크루즈 매치(CruiseMatc)'는 로열 캐리비안 크루즈선사에 의해서 운영되는 크루즈 CRS이고 GDS와 연결되어 있다. 대부분의 GDS는 크루즈회사의 특별상품을 예약할 수 있도록 보여주고 있다. 그러나 GDS를 통한 크루즈상품의 예약률은 아직 10% 이하이다. GDS를 통한 크루즈상품을 예약하는 데 필요한 스크린의 한 예이다. 위성통신정보는 다른 교통기관보다 수상교통기관에서 더욱 중요한 역할을 수행한다. [그림 6-22]는 크루즈선의 정보시스템으로 선박과 육지 사이의 통신은 주로 이 방법을 사용한다. 위성통신항법시스템이 GPS기술을 이용하여 위성과 선박을 연결한다. 선박과 해안과의 위성통신연결로 선박에서 1일 업무를 처리할 수 있다. 예를 들어 신용카드 소유자는 위성통신이 없으면 신용카드를 크루즈선 안에서 사용하기가 곤란하다. POS시스템도 크루즈 선내의 상점에서 이와 같은 원리로 사용된다. 크루즈선에서 컴퓨터는 상품과 재고관리를 하기 위해 필수적으로 쓰인다. 이것은 특히 장거리여행 중 선박에서 필요한 각종 물품의 재고관리를 위해 유용하게 쓰인다. 선박이 항구에 도착하기 전 필요한 물품을 통신으로 보내어 정박할 항구에서 신속하게 물품을 선적하기 위해 컴퓨터가 유용하게 쓰인다.

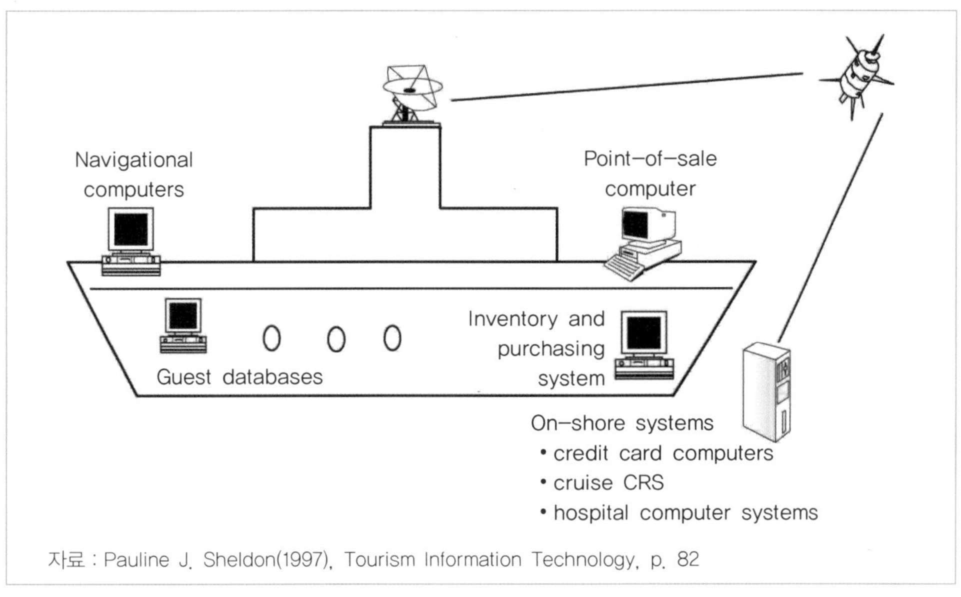

자료 : Pauline J. Sheldon(1997), Tourism Information Technology, p. 82

그림 6-22 | 크루즈 정보통신시설

[그림 6-22]는 선박에서 사용할 수 있는 여러 가지 정보통신의 사례를 보여준다(김천중, 1998 : 222).

1,950명의 고객과 750명 이상의 승무원을 나르는 로열 캐리비안 크루즈선사의 그랜저호(Grandeur of the Seas, 74,000톤)는 컴퓨터기술과 결합된 인간의 창조력의 결과이다. 이 선박은 컴퓨터를 사용하여 디자인하였고, 스케줄 구성은 컴퓨터에 의해 계획되고, 속력·위치·안전·엔진·운항·숙식 시스템은 모두 컴퓨터에 의해 관리된다. 컴퓨터는 배의 운영을 더 쉽고, 안전하게 그리고 경제적으로 할 수 있도록 하며, 이들 모든 시스템은 컴퓨터에 의해 운영된다.

컴퓨터 디자인(CAD)은 편안함을 유지하면서 연료소비를 최소화할 수 있는 적합한 외형을 만드는 데 이용된다. CAD시스템은 그리기와 교정을 쉽게 할 수 있도록 한다. 컴퓨터화된 청사진은 작은 밑그림을 큰 규모의 복사본으로 만들어 정확하게 제도할 수 있도록 컴퓨터 안에 저장된다. 철의 절단에서 처녀운항까지 전통적인 방법으로 했을 때 걸렸던 4, 5년보다 30개월은 더 적게 걸린다.

갑판에는 많은 컴퓨터 시스템들이 있다. 극장은 컴퓨터기술을 사용한다. 대부분의 조명신호, 커튼신호, 세트변화는 쇼진행 중의 정확한 순간에 작동될 수 있도록 컴퓨터 안에 미리 프로그램화된다. 배의 운항시스템은 컴퓨터 네트워크화된 데이터, 전륜나침판, 운항상황판 등과 연결되어 있고, 배의 관리자가 배를 정해진 항로로 운항하도록 한다.

재고와 관리시스템은 컴퓨터에 의해 통제되고, 음식과 다른 서비스가 주문되면 승무원에게 자동적으로 알린다. 고객의 소비는 크루즈 선내에 있는 동안 고객카드로 기록되어 현금이 필요없도록 전산화되어 있다(김천중, 1997 : 228).

CHAPTER_7

국내 연안크루즈산업 활성화방안

CHAPTER

7 국내 연안크루즈산업 활성화방안

제1절 세계의 연안크루즈시장 분석

1. 국립공원과 기항섬 연계 크루즈 현황

1) 세계 주요 크루즈지역과 국립공원 연계 현황

세계의 주요 크루즈지역은 아름다운 바다와 절경이 있는 카리브해, 지중해, 알래스카 지역 및 유럽 등이다. 대부분의 주요 크루즈선사들은 자연과 동·식물 등의 생태계가 아름답고 잘 보전된 국립공원을 기항지로 하거나 항로에 포함하고 있다. 아시아 기항지는 3가지 유형으로 항해하는 특징이 있다. 인도네시아, 말레이시아, 필리핀, 싱가포르가 가진 많은 섬에 기항지를 두고 항해하거나, 인도, 스리랑카, 몰디브 등 서로 다른 문화를 연결시켜 항해하거나, 한국, 일본, 중국 등 지형상의 이점을 이용하여 항해하는 방법 등이다. 아시아·태평양지역은 크루즈의 주요 목적지로 여겨지지는 않지만, 점유율이 점차 증가하는 추세이며, 꾸준한 성장세를 보이고 있다.

표 7-1 | **국립공원 연계 세계 크루즈 기항지 현황**

지역	구분	내용
유럽 (지중해)	크루즈지역	Asinara 국립공원, Timanfaya 국립공원, Gibraltar Range, Cabrera 해상 및 지상 국립공원, Malaga 국립공원, 독일 갯벌국립공원, Tyresta국립공원, Donau-Auen 국립공원(Vienna)
	크루즈선사	Princess Cruises, Royal Caribbean, Swan Hellenic, Costa Cruises, Seabourn, Hapag-Lloyd Cruises, Silversea, Holland America, Oceania Cruises, Voyages of Discovery
아시아	크루즈지역	Gunung Mulu 국립공원(Borneo, Malaysia), 한려해상국립공원
	크루즈선사	Pandaw River Cruise, Oceania Cruises, Azamara Club Cruise, 팬스타크루즈(공단)
북미권역 (알래스카)	크루즈지역	글래시어 베이 국립공원(유네스코 세계문화유산), 클론다이크러시 국립역사공원, Prince Edward Island 국립공원, Baltimore 국립공원, 미시시피 국립공원 등
	크루즈선사	Carnival Cruise Lines, Celebrity Cruises, Crystal Cruises, Disney Cruise Line, Holland America Line, Lindblad Expeditions, Norwegian Cruise Line, Oceania Cruises, Princess Cruises, Regent Seven Seas, Royal Caribbean, Silversea Cruises
카리브해	크루즈지역	Caribbean 국립공원, Bahamas 국립공원, Signal Hill 역사 국립공원, Guadeloupe 국립공원, San Juan 국립 역사지구, Arikok 국립공원, Bonaire 해양 국립공원, Curacao 국립공원, Cancun 해양 국립공원, Chankanaab 국립공원
	크루즈선사	Carnival, Celebrity, Disney, Holland America, Crystal Cruise, Norwegian Cruise Line, Princess, Regent Seven Sea, Seabourn Caribbean Cruises, Silversea Caribbean Cruises, Star Clipper, Oceania Cruise 등
중남미	크루즈지역	Galapagos 국립공원, Cabo Pulmo 국립공원
	크루즈선사	Carnival, Crystal Cruise, Oceania Cruise, Regent Seven Sea, Holland America, Celebrity, Disney, Princess, Norwegian Cruise Line,
하와이 · 남태평양	크루즈지역	Hawaii Volcanoes 국립공원, Rapa-Nui 국립공원
	크루즈선사	Seabourn, Holland America, Celebrity Cruises, Regent Seven Seas, Oceania Cruises, Hapag-Lloyd Cruises, Crystal Cruises
아프리카	크루즈지역	Black River Gorges, Madagascar 국립공원
	크루즈선사	Hapag-Lloyd Cruises, Oceania Cruises, Silversea, Holland America

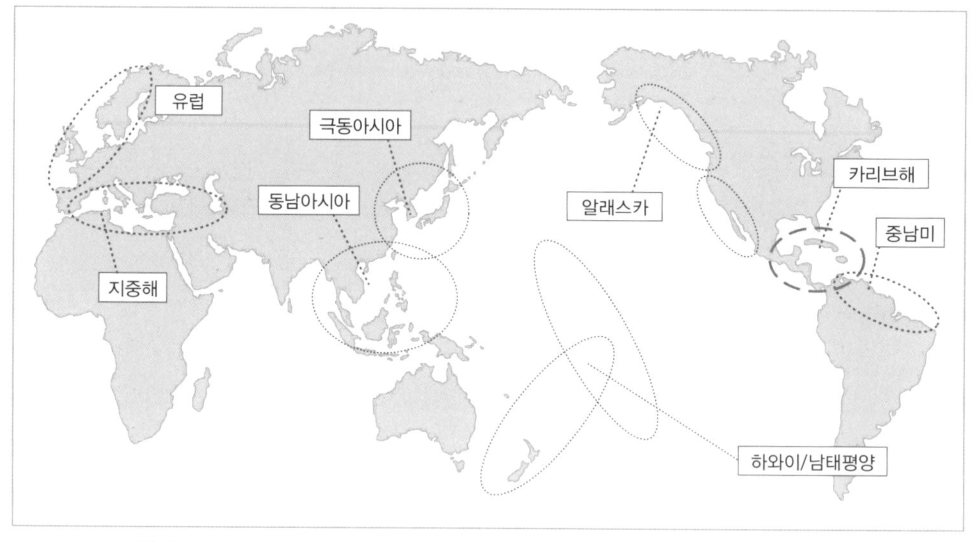

그림 7-1 | **세계의 주요 크루즈지역**

2) 섬 크루즈 기항지 사례분석

(1) 일본 노고노지마섬

후쿠오카시 부두에서 쾌속선으로 약 10분 거리에 위치해 있으며 아름다운 정원 같은 자연 식물공원인 아일랜드공원을 조성하여 수많은 관광객이 방문한다. 도자기 가마시설과 독특한 불고기요리가 유명하다. 문학축제, 전위예술제 등 다양한 행사를 개최한다.

그림 7-2 | **노고노지마섬**

(2) 일본 하쓰시마섬

시즈오카현의 아타미 동남쪽 약 10km에 위치한 섬으로 둘레 1.6km, 면적 0.44km²에 인구 약 200명이 거주하고 있다. 1984년에 해양자료관 완공(민자), 대규모 리조텔이 설립(부지를 매입하지 않고 주민과 주식형태로 임대)되었다.

그림 7-3 | **하쓰시마**

(3) 이탈리아 카프리섬

이탈리아 남부 캄파니아주에 위치한 이 섬은 면적 10.36km², 인구 약 7,000명이 거주하며 연간 300만 명의 관광객이 방문한다. 체류형 관광지로 75%가 체류한다. 유명인사들의 별장과 주택이 많고 엄격한 건축물 규제로 높이, 재료, 색채를 규제하고 있다. 해발 299m의 정상까지 리프트가 건설되어 운영하고 있고, 상록수림과 기암괴석의 해안경관과 청정바다는 최고의 경관을 연출한다.

그림 7-4 | **카프리섬**

2. 세계 연안크루즈선박 및 운항사례

1) 세계 수상버스 운항사례

(1) 시티캣

호주 퀸즐랜드주의 수도인 브리즈번(Brisbane)에는 도시를 관통하는 브리즈번강을 중심으로 수상교통수단인 시티캣(City Cat: 호주 브리즈번의 수상버스)을 운항하고 있다.

표 7-2 | 시티캣 제원

구분	제원
정원	162명
총톤수	75t
크기(전장 및 선폭)	25m×7.3m
홀수	0.8m
선속	34knots(제한된 곳 28knots)

(2) 클리퍼

클리퍼(Clipper)는 쾌속범선을 의미하는 단어였으나 현재 쾌속정의 의미로도 사용되고 있으며, 템스 클리퍼는 템스강에서 운영하는 수상버스 서비스로서 런던 동부와 중부간 통근서비스와 관광서비스를 제공하고 있다. 영국의 기후적 특성으로 인하여 계절에 따라 운항노선에 차이가 있다.

표 7-3 | 템스 클리퍼의 주요 선박과 제원

구분	Sky, Storm, Star Clipper	Hurricane Clipper	Sun & Moon Clipper
선형	쌍동선형	쌍동선형	쌍동선형
정원	62명	220명	220명
선속	25knot	28knot	25knot
전장	25m	38m	32m
선폭	5.7m	9.3m	7.8m
동력	워터제트	쌍둥스크루	쌍둥스크루

(3) 히미코

'우주 전함 야마토'로 알려진 만화가 마쓰모토 레이지가 디자인한 관광선이다. 실버의 선체는 마쓰모토가 만화에 등장하는 독특한 메카닉 디자인을 재현하였으며, 천장은 하늘을 볼 수 있도록 투명하게 제작했다. 히미코는 스미다강과 도쿄만을 운항하는 수상버스로 오다이바~도쿄 아사쿠사를 연결하고 있다. 독특한 외관 디자인으로 인해 레인보우 브리지와 함께 스미다강의 상징으로 자리 잡고 있다.

표 7-4 | **히미코 수상버스 제원 및 항로**

무게	114t
전장	30.3m
선폭	8m
선속	12knot(7~8knot)
운항구간	아사쿠사~오다이바
최대출력	620PS
정원	231명(좌석수 약 70석)

표 7-5 | **히미코 수상버스의 위치**

위치	도쿄도 다이토구
가는 길	액세스 도쿄 메트로 아사쿠사역 4번 출구 → 걸어서 바로. 또는 지하철 아사쿠사역 A4 출구 → 도보 2분 거리
운항시간	0:10, 13:20, 15:20 등에 아사쿠사역의 수상버스 승선장을 출발하고, 17:20에 운영하는 것은 임시편이며, 매월 둘째주 화, 수요일은 운항하지 않는다.

표 7-6 | **히미코 수상버스의 운항요금**

번호	노선	소요시간	요금
1	아사쿠사 → 오다이바	약 50분	1,520엔(20,472원)
2	오다이바 → 도요스	약 20분	760엔(10,236원)
2+3	오다이바 → 아사쿠사	약 60분	1,520엔(20,472원)
3	도요스 → 아사쿠사	약 40분	1,060엔(14,276원)

그림 7-5 | **히미코 내 · 외관**

(4) 뉴욕 허드슨강의 수상택시

뉴욕 허드슨강의 수상교통수단으로 전장 22m, 선폭 8.3m, 정원은 99~149명이다.

(5) 이탈리아 수상버스(ACTV)

총톤수 75t, 전장 25m, 선폭 7.3m, 정원 160여 명이다.

허리케인 클리퍼(영국)

히미코(일본)

수상택시(미국)

수상버스(이탈리아)

그림 7-6 | **수상교통 사례**

2) 세계의 연안크루즈 운항사례

(1) 미국

① 디스커버리 크루즈

디스커버리 크루즈 선사는 '베스트 데이 크루즈'로서 9년 연속 '포트 홀 크루즈 매거진'에 선정되었다. 크루징여행으로서의 디스커버리사는 미국인들이 선호하는 바하마로 이어지는 편안하고 재미있는 서비스 제공으로 유명하다. 선 데크에서의 야외활동은 물론 따뜻한 스파풀, 디스커버리사의 림보 콘테스트에도 참여할 수 있으며, 음악과 함께 연안을 항해하며 아름다운 바하마를 즐길 수 있다. '원데이 바하마' 크루즈에서는 뷔페 스타일의 음식이 두 번 제공되며 다양한 음료, 크루즈 빙고, 비디오서비스, 디스코와 재미있는 게임들이 준비되어 있다. 특별한 모임이나 행사를 가진 단체그룹에도 적합하도록 특별 프로모션과 프로그램을 준비해 두고 있다. 스케줄은 여행자에 따라 자유롭게 정할 수 있어 출항일을 선택하고 숙박일정에 따라 원하는 만큼 예약이 가능하다. '사우스 플로리다(South Florida)'에서 여행자가 원하는 날에 돌아올 수 있다. 그러나 '원데이 바하마 크루즈'상품은 반드시 같은 날 오후에 돌아와야 한다. 디스커버리사는 자사를 이용하는 여행객들에게 특별한 가격으로 리조트도 선택할 수 있는 서비스를 제공하고 있다.

생일을 맞은 여행객은 그 달에 무료로 크루즈 탑승이 가능하다. 예약창에서 간편하게 등록할 수 있으며 일행 또한 특별한 가격할인을 받아 모든 서비스를 동일하게 이용할

수 있다. 생일을 맞은 여행객을 제외한 나머지 동승객들은 45달러의 크루즈 운영비와 12달러의 연료비로 총 57만 달러만 지불하면 된다.

표 7-7 | 디스커버리 크루즈(Discovery Cruise) 제원

총톤수	11,979t
전장	411feet
선폭	79feet
객실 수/정원	84실/1,000명
승무원 수	약 377명
비용	$99.99

표 7-8 | 디스커버리사 일정표

구분	내용
출항	From Port Everglades in Ft. Lauderdale → South Florida
	매일 9:30am(Gate close at 8:00am)
	그랜드바하마 도착(at 10:00am)
리턴	From Grand Bahamas Island → South Florida
	매일 5:15pm 출항
	사우스 플로리다 도착 10:30pm
가격	월, 화, 목, 금 $79.99

② 디즈니 크루즈 선사

어린이를 포함하여 모두를 위한 서비스가 준비된 디즈니 크루즈 선사. 편안한 휴식을 원하는 어른들의 공간, 다양한 재미를 추구하는 어린이들을 위한 공간 및 서비스를 비롯해 가족 전체까지 어우러질 수 있는 공간이 바로 디즈니 크루즈이다. 재미가 가득한 선상 위의 활동들, 레스토랑에서 즐기는 3가지 스타일의 식사와 개인주문 서비스가 가능하다. 브로드웨이를 능가할 만한 다양한 공연의 엔터테인먼트는 물론 가족과 즐기는 데크 위의 파티, 선상 불꽃놀이를 즐길 수 있다.

목적지인 나소는 아주 오래된 도시로 유명하다. 어린이들은 'Scuttle's Cove'라는 곳에서 자유롭게 뛰어놀 수 있고, 투명한 바다에서 수영, 스노클링, 카야킹 등 다양한 활동이 가능하다. 어른들을 위한 프로그램으로는 바다를 전경으로 한 마사지 서비스, 요가 클래스, 분위기 있는 바시설 이용, 어른들만 쉴 수 있는 전용 해변 등으로 어린이들에게서 잠시 벗어나 스트레스를 풀 수 있게끔 하였다. 바하마에선 다양한 음식들을 쉽게 찾아볼 수 있는데, 신선한 바다가재 요리부터 수많은 해산물 요리와 지역 전통음식도 맛볼 수 있다.

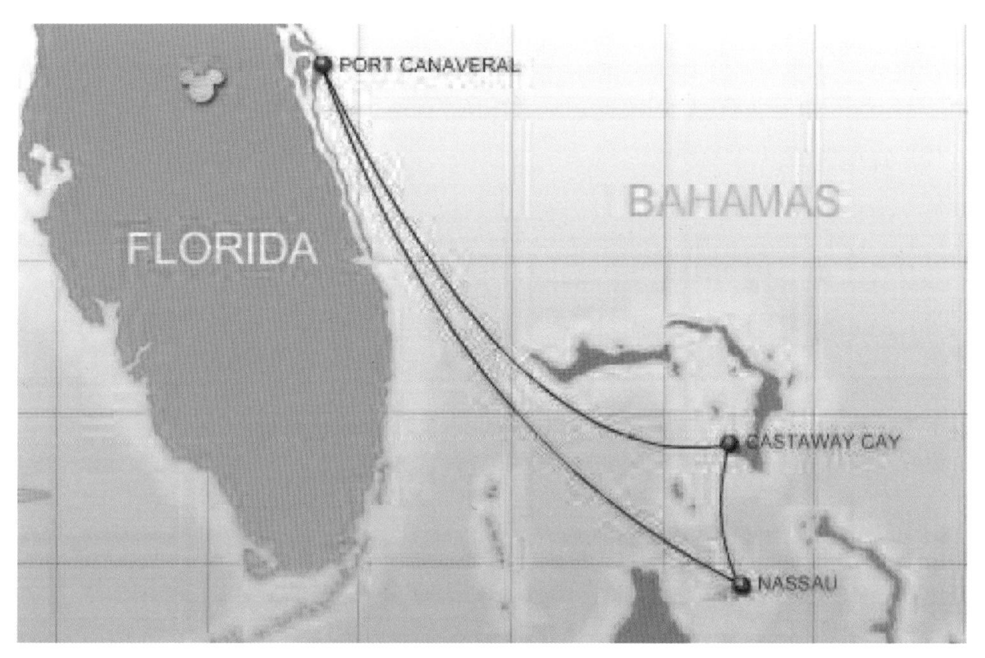

그림 7-7 | 디즈니 크루즈 바하마지역 운항경로

표 7-9 | 디즈니 원더(Disney Wonder) 제원

총톤수	83,000t
전장	964feet
선폭	106feet
객실 수/정원	877실/1,754명
승무원 수	약 950명
비용	$399～$769
일정	4일간

표 7-10 | 디즈니 원더 운항표

Day port	Guest a shore	Guest on board
1. Port Canaveral, Florida	–	3:45pm
2. Nassau	9:30am	6:00pm
3. Castaway Cay	8:30am	4:30pm
4. At Sea	–	–
5. Port Canaveral, Florida	7:30am	–

(2) 뉴질랜드

① 고래 탐사 크루즈(Whale & Dolphin Cruise)

복잡하고 북적이는 도시를 뒤로하고 뉴질랜드에서 가장 편안한 탐사선을 타고 하우라키(Hauraki)만에서 돌고래 관광을 즐길 수 있다.

표 7-11 | 뉴질랜드 익스플로어 차터 보트(Explore NZ Charter Boat)

정원	100명
무게	280t
전장	16m
선속	20knot

표 7-12 | 돌핀 크루즈 요금 및 일정(5세 미만 어린이 무료)

성인	$155
어린이(5~15세)	$105
가족(어른 2, 어린이 2)	$399
운항시간	4시간 30분
출발(여름/겨울)	01:30pm/12:00pm
도착(여름/겨울)	06:00pm/04:30pm

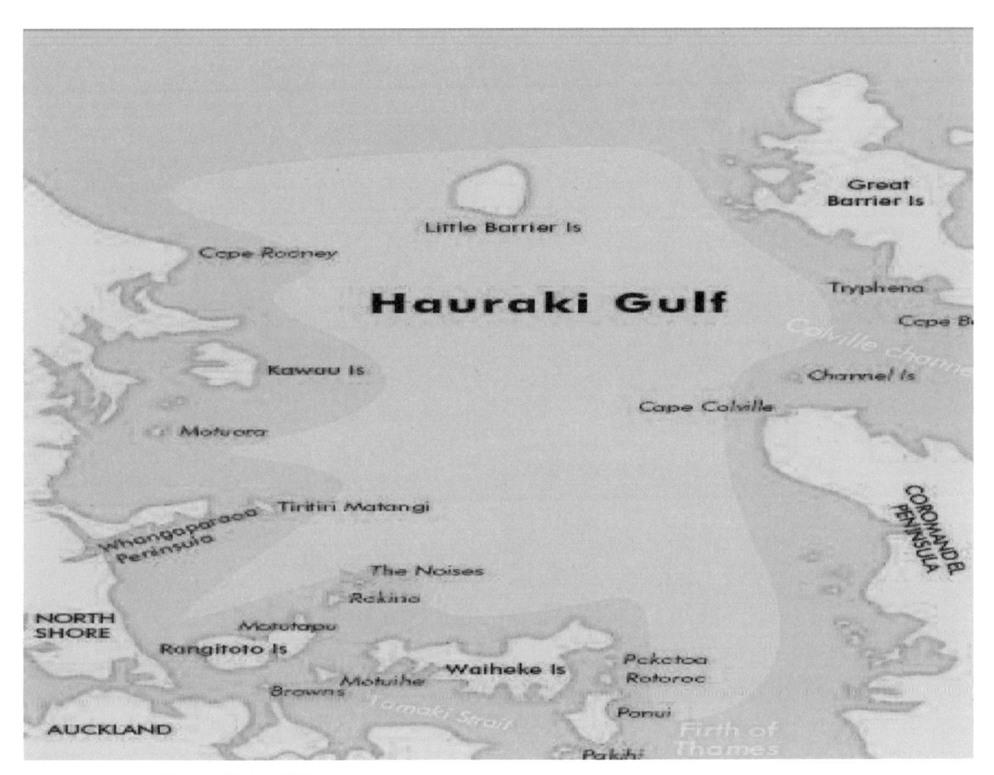

그림 7-8 | **하우라키만 지형**

② 홀인 록 크루즈(Hole in the Rock Cruise)

선장의 해설과 함께 144개의 섬 사이를 순항한다. '홀인 록'이라는 거대한 자연을 품은 장관을 경험하고 돌고래를 볼 수도 있다. 선택적으로 마오리족의 '항이(Hangi)'문화를 체험할 수 있고, 바비큐요리 또한 즐길 수 있다.

표 7-13 | **홀인 록 크루즈 요금 및 일정(5세 미만 어린이 무료)**

성인	$89
어린이(5~15세)	$45
운항시간	4시간
PAIHIA 출발	매일 09:00am, 01:30pm
RUSSEL 출발	매일 09:10am, 01:40pm
Hangi문화 체험	$25
점심 BBQ	$16

그림 7-9 | 홀인 록 크루즈

③ 돌고래 수영체험 크루즈(Swim with the Dolphins Cruise)

인간 친화적이고 활동적인 포유류를 만나고 그들의 세계에서 돌고래와 함께 수영할 수 있는 독특한 경험을 할 수 있다.

표 7-14 | 돌고래 수영체험 요금 및 일정(5세 미만 어린이 무료)

성인	$89
어린이(5~15세)	$45
운항시간	4시간
PAIHIA 출발	매일 08:00am, 12:30pm
RUSSEL 출발	매일 08:10am, 12:40pm

표 7-15 | 오션 어드벤처 콤보 추가 시 요금 및 일정(5세 미만 어린이 무료)

성인	$155
어린이(5~15세)	$95
운항시간	5시간
PAIHIA 출발	매일 08:00am, 12:30pm
RUSSEL 출발	매일 08:10am, 12:40pm

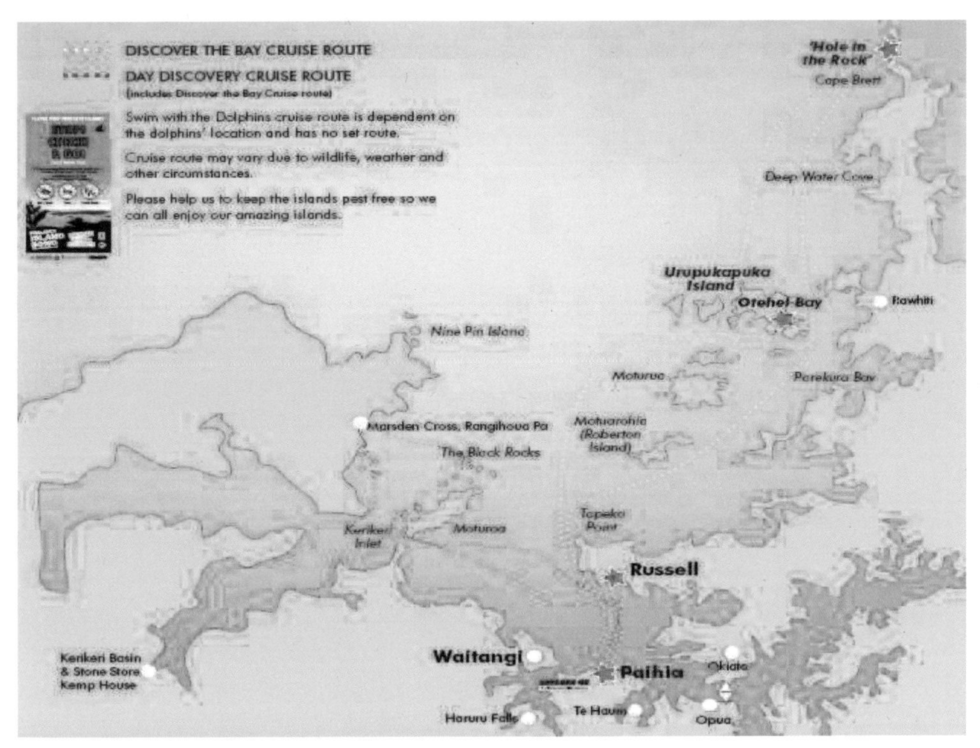

그림 7-10 | 디스커버리 데이 크루즈 & 데이 디스커버리 크루즈 노선

(3) 호주

① 식·음료 크루즈(MV Sydney 2000)

표 7-16 | MV 시드니 2000 제원

정원	1,950명
무게	1,684t
전장	63m

표 7-17 | 해산물 뷔페 크루즈 요금표

1인당 가격	2011.04.01~2011.10.31	2011.11.01~2012.03.31
성인	$75	$77
어린이(5~14세)	$45	$47
창가 자리	+$15	+$15

시드니 바위 굴, 홍합, 왕새우, 다육성 생선 등 해산물 외에 샐러드와 디저트, 그리고 치즈와 커피를 즐길 수 있다.

표 7-18 | 런치 크루즈 요금표

1인당 가격	2011.04.01~2011.10.31		2011.11.01~2012.03.31	
	2번 코스	3번 코스	2번 코스	3번 코스
성인	$75	$85	$77	$87
어린이(5~14세)	$45	$55	$47	$57
창가 자리	+$20	+$20	+$20	+$20
바 패키지	+$19	+$25	+$19	+$25

2 또는 3코스의 오스트레일리아 요리를 즐길 수 있다. 시드니 하버의 해안경관과 음악을 감상할 수 있다.

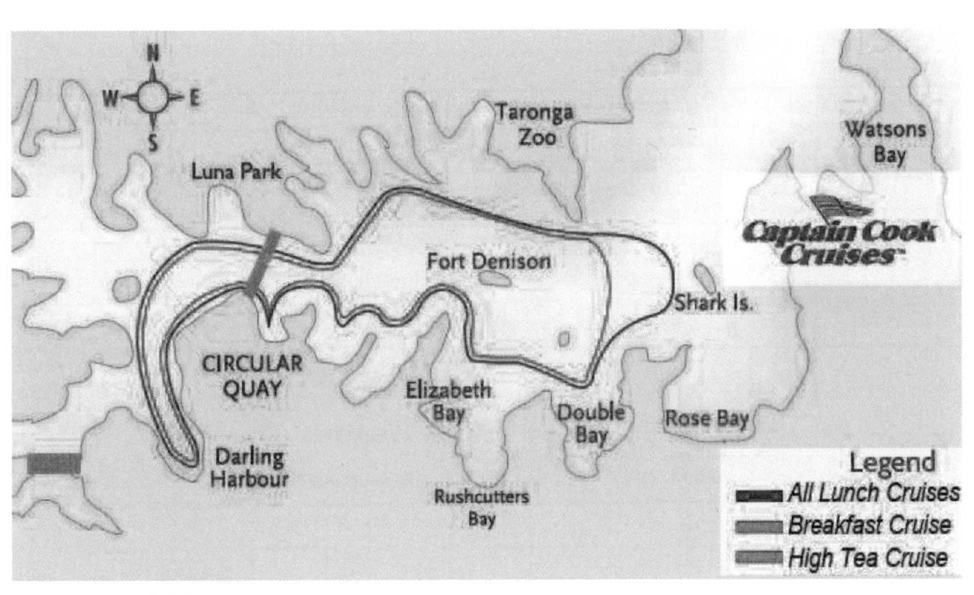

그림 7-11 | **운항코스**

표 7-19 | **서큘러 키-6번 부두 시각표**

출발시간	Cruise
09:30am	Sunday Breakfast
12:30pm	Seafood Buffet Lunch
12:30pm	Top Deck Lunch
02:30pm	High Tea – Wed & Sat

표 7-20 | **달링 하버-1번 부두 시각표**

출발시간	Cruise
09:00am	Sunday Breakfast
12:00pm	Seafood Buffet Lunch
12:00pm	Top Deck Lunch

② 숙박 크루즈(MV Captain Cook's Explorer Overnight Cruises)

표 7-21 | MV 캡틴 쿡 익스플로어(MV Captain Cook's Explorer) 제원

정원	350명
숙박인원	116명
무게	1,160t
전장	53m
객실 수	61개

표 7-22 | 2박 시드니 주말 크루즈(2 Night Sydney Weekender Cruise) 일정

금요일	Sydney Opera House, Botanic Gardens $95
토요일	Sydney's historic 암벽탐사, 시장, 쇼핑, 미술관 관람
일요일	커다란 주택지역, 화려한 요트를 볼 수 있고, 과거의 항해에 대한 흥미로운 이야기를 들을 수 있다.

표 7-23 | 신년맞이 크루즈(New Years Eve Overnight Cruise) 일정

토요일	Sydney's historic 바위지역 탐사, 시장, 쇼핑, 미술관 관람
일요일	느긋한 아침식사 후 도착

표 7-24 | 2박 시드니 주말 크루즈 일정

No. 1 King Street Wharf	출발	도착
05:00pm 탑승	금요일 6:00pm	일요일 3:00pm

표 7-25 | 신년맞이 숙박 크루즈 일정

No. 1 King St. Wharf Darling Harbour	도착
2011.12.31 토요일 정오 12시 출발	2011.01.01 일요일 11:00am

표 7-26 | 2박 시드니 주말 크루즈요금(2016.04.01~2017.03.31)

1인당 가격	Early Booking		Brochure Fares	
	내부 이층침대	외부 twin침대	내부 이층침대	외부 twin침대
2인 1실	$431	$539	$479	$599
개인	$431	$629	$479	$699

표 7-27 | 신년맞이 숙박 크루즈요금

1인당 가격	내부 이층침대	내부 double침대	외부 twin침대	외부 double침대
2인 1실	$1,199	$1,299	$1,399	$1,499
개인	$20,699	×	$2,340	×

제2절 한국의 연안크루즈선

1. 선박의 계량단위와 관계법

1) 국내 연안크루즈선의 유형

대부분 최소로 충족하는 선박의 규모만 제시하고 최대 톤수나 최대 선장(LOA)의 제한은 없다. 따라서 유선과 도선의 경우 크기를 우선 규정하면, 최소 5톤 이상이면서 2,000톤 사이에 해당하는 선박으로 규모를 추정할 수 있다. 2,000톤 이상의 경우에는 크루즈선으로 면허를 얻는 것이 수익성 면에서 유리할 것으로 판단되고, 현재의 유선과 도선의 경우 1,000톤 이하의 선박으로 운항되고 있다.

현행 신고된 내수면과 해수면의 유선과 도선의 규모를 크기 측면에서 분석하면 아래와 같다.

첫째, 내수면은 해수면보다 선박의 크기가 작아서 대부분 30톤 미만의 규모를 보이고 있고, 제일 큰 선박은 300톤 이하로 각각 2척씩이 신고되어 있다.

둘째, 해수면의 유선과 도선은 50톤 미만이 주류를 보이고 있고, 50톤 이상의 경우 107척이 신고되어 있으며, 관광진흥법에 따른 일반 관광유람선업으로 대부분 동시에 등록되어 있는 것으로 보인다(관광유람선 2017년 현재 40척 등록).

또한, 유·도선은 대부분 선박의 규모와 시설이 충족될 경우는 해운법에 의한 면허 및 신고가 경영상 유리하며 재정적 지원도 용이한 것으로 분석된다. 따라서 해운법에 의한 여객선 면허가 어려운 선박이 상대적으로 규제가 까다롭지 않은 유선 및 도선으로 면허 및 신고를 얻고 있다고 분석할 수 있다.

마지막으로 도선의 경우 독점노선이거나 정부의 지원에 의한 공익적인 운항이 필요한 항로와 도서지역에 운항하는 도선선사에게 면허가 부여되어 있어서, 독과점과 가족경영에 의한 폐쇄적인 경영환경으로 인한 문제가 안전운항을 침해하는 등 부정적인 문제의 일부 원인이 되고 있다.

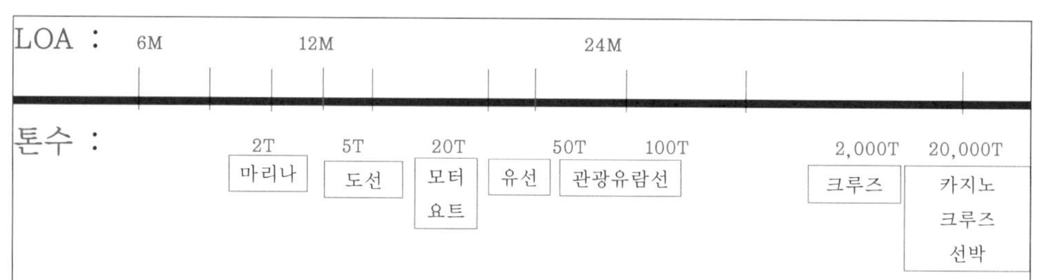

- 마리나 : 2톤 이상의 마리나선박을 빌려주는 [마리나항만의 조성 및 관리등에 관한 법률 제28조의2] (등록)
- 유선 : 5톤 이상 50톤 이하(50톤 이상의 선박은 일반관광유람선이 유리) [유선 및 도선 사업법 제3조] (면허, 신고)
- 동력수상레저기구 : 지자체 등록대상[수상레저안전법](등록)
  1. 총톤수 20톤 미만의 모터요트
  2. 추진기관 30마력 이상의 고무보트
  3. 세일링요트 [선박법 제3조제1항제2호]
- 주류판매반입 : 24m 이상, 50톤 이상 [유선 및 도선사업법 시행령 제12조]
- 소형 선박 : 12미터 미만인 선박 [선박안전법 제27조제1항제2호 규정으로 측정]
- 여객선 : 13인 이상 승선 가능 [선박안전법 제2조] (면허)
- 관광유람선 : 50톤 이상이 대부분 [해운법 제3조제5조의 2]
- 크루즈 : 총톤수 2천 톤 이상으로 대통령령으로 정하는 선박 [해운법]
- 카지노 설치 가능 크루즈선박 : 여객선이 2만 톤급 이상으로 문화체육관광부장관이 공고하는 총톤수 이상일 것 [관광진흥법 시행령 제27조]

그림 7-12 | 선장 및 톤수의 분류

2) 사업별 인허가 절차 및 방법

여객선 사업을 제외한 현행 한국의 레저보트를 이용한 사업은 다음의 [그림 7-13]과 같이 마리나선박대여업, 낚시어선업, 수상레저사업, 유선 및 도선사업, 일반관광유람선업, 크루즈업 등이 있다. 20톤 이하의 경우 선박안전법에 의한 절차가 생략되어 비교적 허가 여건이 쉬운 허가 및 등록 절차로 처리되어 있고, 20톤 이상의 경우 선박안전에 관한 정밀한 검사과정을 거쳐 면허제도로 사업을 수행하고 있다. 50톤 이상 레저선박의 경우 주류의 판매 및 각종 이벤트가 자유롭게 실시되고 있어, 향후 연안크루즈선의 모델로 발전될 것으로 보인다.

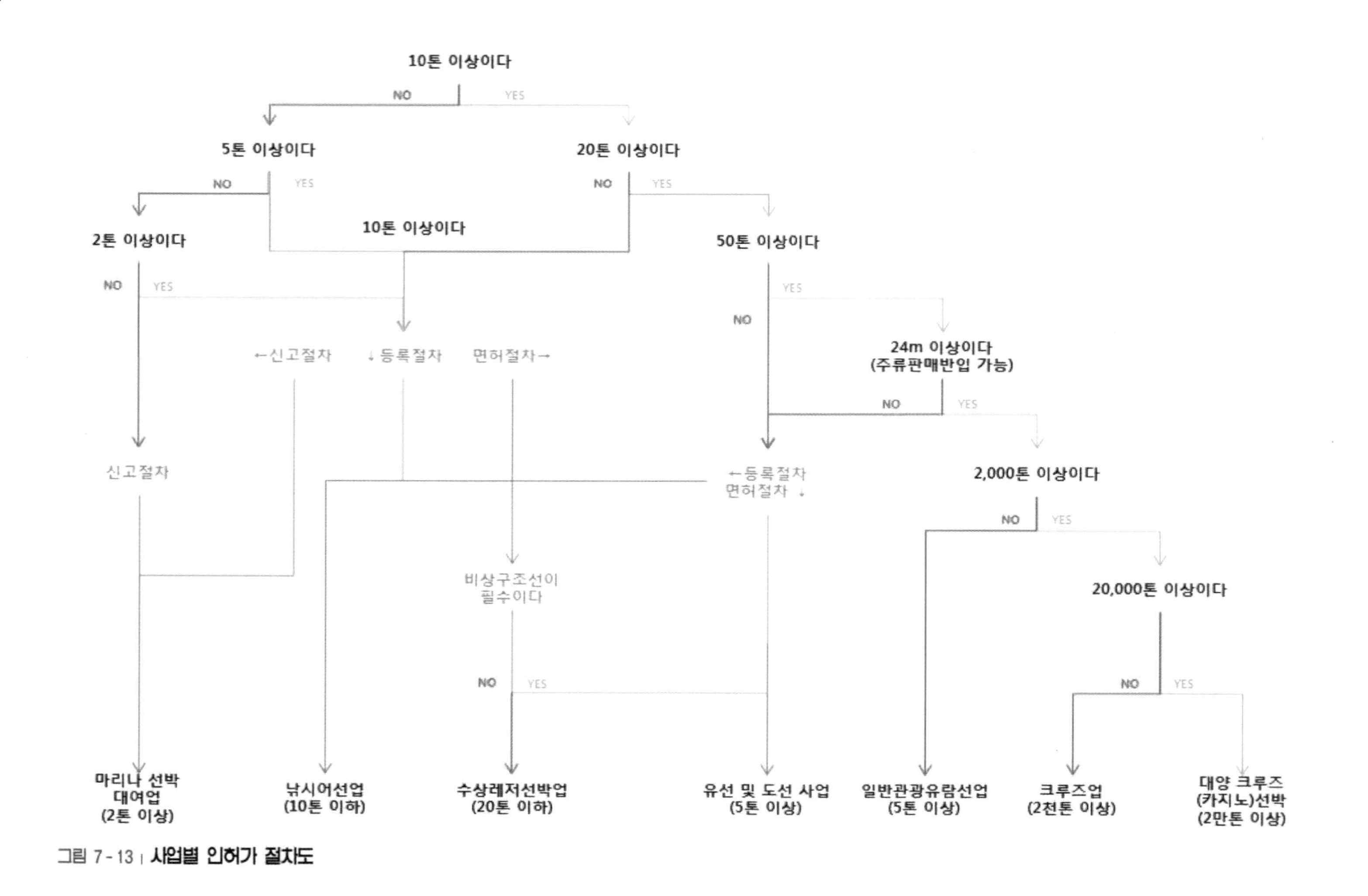

그림 7-13 | **사업별 인허가 절차도**

3) 사업의 현황과 관리제도

낚시관리 및 육성법이 제정된 이후 낚시어선업은 신고제도에 의해 급격하게 증가하였다. 대부분의 어선이 쉽게 낚시어선업에 진입할 수 있으나, 무분별한 어선의 구조변경 및 장거리 운항에 의한 사고도 빈번해지고 있다.

유선 및 도선사업의 경우 면허제도에 의하여 신규 진입이 어려운 반면에, 선령이 오래된 선박의 경우 안전상의 문제로 감축이 필요할 것으로 보인다.

그 밖의 선박의 경우 여객선업을 제외한 대부분의 선박이 노후되어 있거나, 작은 규모의 선박으로 안전관리에 여러 가지 문제를 야기하고 있다.

표 7-28 | **사업별 현황**

분류 / 종류	사업자 규모(척수)	관리제도	관련법	비고
낚시어선	4,381척(2014) 2~5톤 50.1%	신고	낚시 관리 및 육성법 제25조	10톤 이하
유선사업	1,469척(2017.1) 해수면 / 내수면 402척 / 1067척	면허	유선 및 도선사업법 제4조2	5톤 이상, 13인 이상
도선사업	167척(2017.1) 해수면 / 내수면 104척 / 63척	면허	유선 및 도선사업법 제4조2	5톤 이상, 13인 이상
일반관광유람선업	40개사	등록	관광진흥법 제2조3	5톤 이상, 13인 이상
마리나선박대여업	3,235척(2015) 선박안전법에 의거한 플레저보트 이상급	등록	마리나 항만의 조성 및 관계등에 관한 법 제28조2	2톤 이상, 비상구조선 불필요
수상레저기구	14,330척(2015) 조정면허 취득인원 153,559명(2014)	면허	수상레저안전법 제2조제3항	비상구조선 필수

자료 : 해양수산부, 해양수산통계시스템, 연구소 작성

2. 유선 및 도선사업 현황

1) 유선 및 도선의 개념

"유선사업"이란 유선 및 유선장(遊船場)을 갖추고 수상에서 고기잡이, 관광, 그 밖의 유락(遊樂)과 탐사 · 연구 · 장사(葬事) 등을 위하여 행위를 하는 사람에게 선박을 대여하거나 승선시키는 것을 영업으로 하는 것을 말한다.

"도선사업"이란 도선 및 도선장을 갖추고 내수면 또는 대통령령으로 정하는 바다목에서 사람을 운송하거나 사람과 물건을 운송하는 것을 영업으로 하는 것을 말한다.

법 제11조에 따른 유선의 승선정원과 법 제14조에 따른 도선의 승선정원은 승객 및 선원이 안전하게 탑승할 수 있는 장소의 제곱미터 단위의 면적을 0.35㎡로 나눈 값으로 한다. 도선에 사람과 화물을 함께 싣는 경우에는 화물 55㎏을 승선 인원 1명으로 계산한다.

도선의 적재중량 등 산정기준은 법 제14조에 따라 선박의 길이 · 너비 · 깊이를 미터 단위로 측정하고 이를 서로 곱하여 얻은 수의 10분의 7에 0.39를 곱하여 얻은 값으로 하되, 그 단위는 톤으로 하며, 적재용량은 선박의 길이 · 너비 · 깊이를 미터 단위로 측정하고 이를 서로 곱하여 얻은 수의 10분의 7에 0.5를 곱하여 얻은 값으로 하되, 그 단위는 세제곱미터로 한다.

표 7-29 | **내수면 유 · 도선 현황(2017. 08 기준)**

구분 분류	선착 장수	선 박 수(척)			규 모 별(척)						시군구 수
					동 력 선				모터 보트	무동력	
		계	유선	도선	소계	5t 미만	5– 100t	101t 이상			
합 계	114 (25)	1,132	1,067	65	152 (52)	59 (13)	82 (34)	11 (5)	60 (5)	920	42
서 울	22 (1)	202	194	8	24 (8)	13 (8)	5	6	17	161	1
부 산	2	1	1	–	1	–	1	–	–	–	0
대 구	8	188	188	–	5	2	3	–	–	183	3
인 천	1	2	2	–	2	–	2	–	–	–	1
광 주	1	24	24	–	–	–	–	–	–	24	1
대 전	1	10	10	–	–	–	–	–	–	10	1
울 산	1	1	1	–	–	–	–	–	–	1	1
경 기	20 (5)	246	241	5	10 (4)	5 (1)	5 (3)	–	6 (1)	230	10
강 원	23 (7)	235	201	34	61 (27)	29 (1)	29 (23)	3 (3)	27 (4)	147	7
충 북	13 (7)	47	34	13	22 (8)	5 (3)	15 (3)	2 (2)	5	20	5
충 남	3	11	11	–	11	1	10	–	–	–	1
전 북	4	94	94	–	1	–	1	–	3	90	4
전 남	3	6	6	–	6	2	4	–	–	–	2
경 북	10 (5)	45	40	5	9 (5)	2	7 (5)	–	–	36	3
경 남	2	20	20	–	–	–	–	–	2	18	2

※ 휴업 · 운항중지 중인 유 · 도선 포함, ( )내는 도선장/도선 현황

표 7-30 | **해수면 유 · 도선 현황(2017. 8. 기준)**

구분/분류	선착 장수	선 박 수(척)			규 모 별(척)						비고
					동 력 선				모터 보트	무동력	
		계	유선	도선	소계	5t 미만	5-100t	101t 이상			
계	314 (197)	506	402	104	349 (102)	24 (11)	266 (68)	59 (23)	22 (-)	135 (2)	
속초서	3 (1)	4	2	2	2 (-)	-	1 (-)	1 (-)	-	2 (2)	
동해서	6 (4)	3	1	2	3 (2)	-	1 (1)	2 (1)	-	-	
포항서	1 (-)	1	1	-	1	-	-	1	-	-	
울산서	2 (-)	2	2	-	2	-	1	1	-	-	
부산서	10 (-)	19	19	-	19	1	17	1	-	-	
창원서	22 (13)	145	139	6	13 (6)	1 (-)	10 (6)	2 (-)	-	132 (-)	
통영서	97 (63)	93	66	27	91 (27)	1 (1)	81 (24)	9 (2)	2 (-)	-	
여수서	65 (55)	48	25	23	37 (23)	4 (4)	26 (17)	7 (2)	11 (-)	-	
완도서	15 (15)	6	-	6	6 (6)	2 (2)	4 (4)	-	-	-	
목포서	19 (15)	18	11	7	18 (7)	3 (3)	12 (4)	3 (-)	-	-	
군산서	4 (-)	9	9	-	9	-	6	3	-	-	
부안서	1 (-)	1	1	-	1	-	1	-	-	-	
보령서	2 (-)	6	6	-	6	4	1	1	-	-	
태안서	12 (6)	8	6	2	8 (2)	-	6 (2)	2 (-)	-	-	
평택서	14 (8)	22	14	8	13 (8)	-	11 (7)	2 (1)	9 (-)	-	
인천서	23 (11)	88	76	12	88 (12)	6 (1)	68 (1)	14 (10)	-	-	
제주서	8 (2)	8	7	1	8 (1)	2 (-)	6 (1)	-	-	-	
서귀포서	10 (4)	25	17	8	24 (8)	-	14 (1)	10 (7)	-	1 (-)	

※ 휴업 · 운항중지 중인 유 · 도선 포함, ( )내는 도선장/도선 현황

2) 유선 및 도선 현황

(1) 해수면과 내수면 유선 및 도선 현황

- 2017년 9월 기준 1,638척의 유선과 도선이 집계되고 있다.
- 내수면에는 소형 유선이 많고, 해수면에는 대형유선과 도선의 수가 내수면보다 많은 분포를 보이고 있다.
- 이러한 이유는 섬이 많은 남서해안의 특성에서 기인한다.

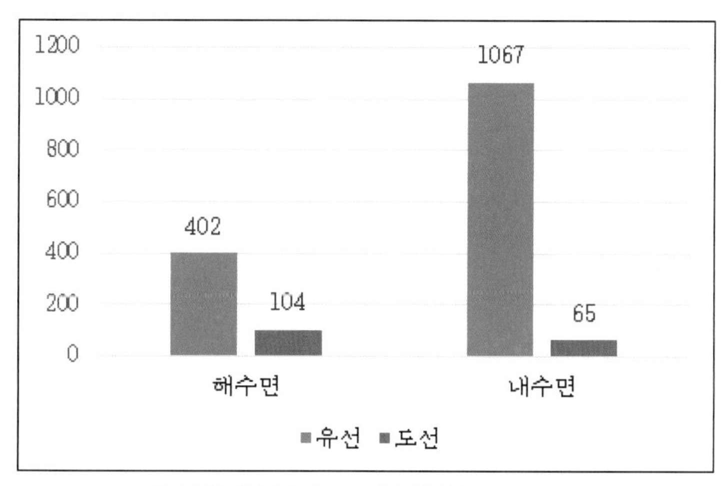

그림 7-14 | 해수면/내수면 유 · 도선 현황(2017.08 기준)

(2) 해수면 유선 및 도선의 지역별 분포

- 유선의 경우에는 창원서가 제일 많고 인천서와 통영서 순서로 분포를 보이고 있다.
- 도선의 경우에는 통영서와 여수서, 인천서의 순서로 분포를 보이고 있다.
- 주로 서남해안을 중심으로 발전하고 있으며, 주요항구와 섬들이 많은 지역을 중심으로 분포하고 있다.

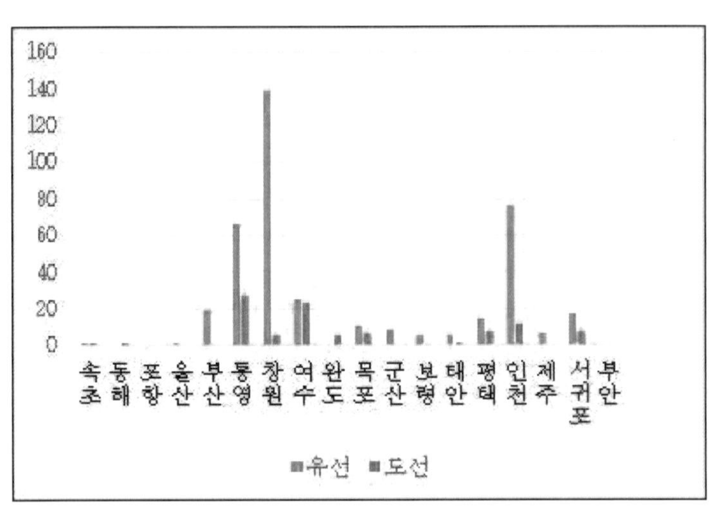

그림 7-15 | **해수면 유선 및 도선 지역별 분포(2017.01 기준)**

(3) 내수면 유선 및 도선의 지역별 분포

- 내수면의 경우 유·도선은 경기, 강원, 서울 등 수도권 지역을 중심으로 발전하고 있다.
- 도선의 경우 강이나 호수의 섬과 연결된 지역에 화물과 함께 사람을 수송하기 위하여 발전되어 왔다.
- 도선의 경우는 대부분 규모가 작거나 이형 선박의 형태를 띄고 있으며, 비교적 환경이 해수면보다는 양호한 상태에서 운항하고 있다.

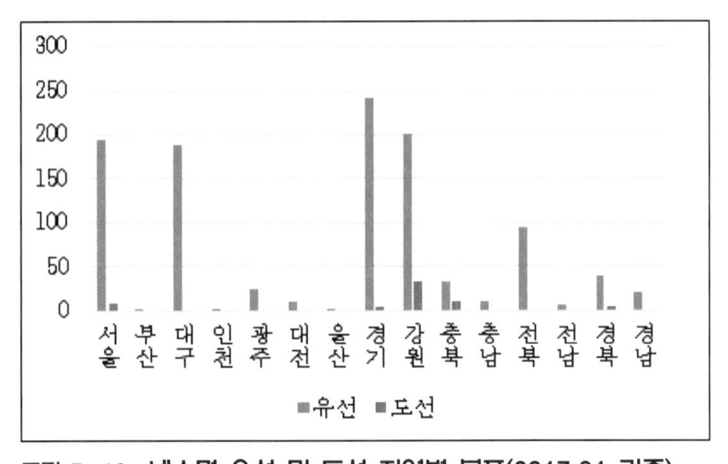

그림 7-16 | **내수면 유선 및 도선 지역별 분포(2017.01 기준)**

(4) 해수면 유선 및 도선의 규모별 분포

- 경제성 측면에서 50톤 이상의 선박을 분석한 결과 해수면 유선의 경우 70척, 도선의 경우 35척의 분포를 보이고 있다.
- 향후 혼합형 유·도선 사업의 장기적인 정책대상이 될 것으로 보인다.

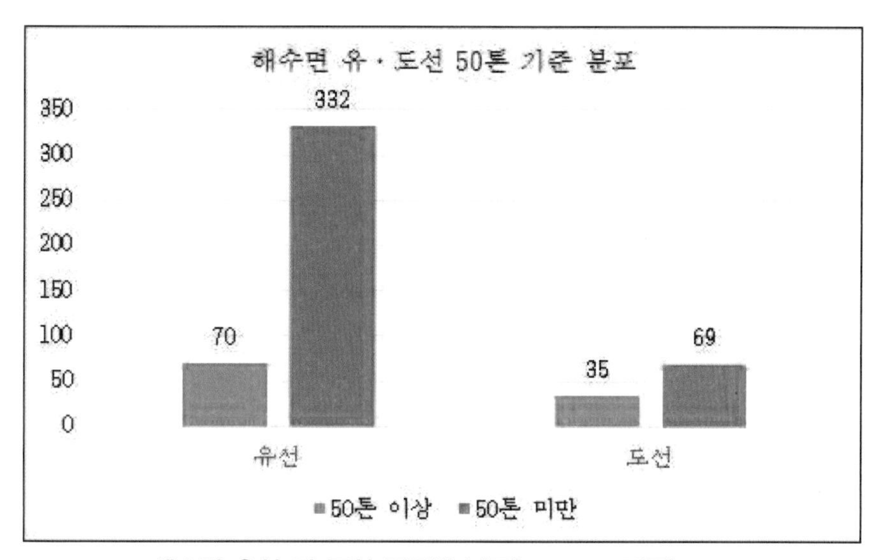

그림 7-17 | 해수면 유선 및 도선 규모별 분포(2017.08 기준)

2) 유선 및 도선 현황 분석

유·도선의 주요 정책대상이 되는 선박의 규모는 50톤 이상 100톤 미만의 선박이 될 것이다.

주류반입이나, 기착지의 자유로운 입출항, 비교적 편리한 선내시설, 안전시설, 승객서비스 등이 완비된 선박이 이제까지의 유·도선을 대체할 것이다. 또한, 유·도선에 편입되는 선박의 형태는 위그선 등 새로운 "뉴 보트"형태로 다양해질 것이며, 안전검사 등에서 다양성으로 인하여 어려운 문제를 야기할 것이다.

따라서 50톤 이하의 기존의 유·도선은 안전규칙을 준수하도록 하면서 경영합리화 및 선박 교체를 위한 합리적 방안이 준비되어야 하며, 새로운 시장질서와 글로벌화를 위한 방안으로 위에 제기한 문제를 해결할 수 있도록 보다 자유로운 영업형태를 보일

수 있는 가칭 "혼합형 유·도선사업"에 관한 법조문을 신설하여 능동적인 대응을 하여야 한다.

해외 사례의 경우 유럽에서는 이러한 형태의 선박은 "연안크루즈선"으로 불리면서 슈퍼요트급의 시설을 지향하고 있다.

고래탐사나 결혼 피로연 등 파티 크루즈선으로 활용되고 있고, 여러 기착지를 순회하는 셔틀형 연안크루즈선으로 운항하기도 한다. 슈퍼요트는 80피트 이상(24m)의 선체를 가지고 크루즈선보다는 작은 규모(선장 150m)를 보이고 있다. 선내 시설은 크루즈선 보다는 작은 고급호텔에 준하는 시설을 가지고 있으나 자동항법장치 등 최신 안전시설이 완비된 선박이며 소규모 연안크루즈 및 임대형 이벤트관광 선박으로 일반화될 수 있는 선박이다.

이러한 슈퍼요트 혹은 슈퍼요트형 연안 크루즈선 선박은 부가가치가 높은 선박으로서 각국이 경쟁적으로 발전시키려고 하는 분야이며, 중국도 이 분야의 발전에 박차를 가하고 있어서 한국을 이미 능가하고 있다.

유·도선의 고급화와 다양화는 한국이 가장 잘 발전시킬 수 있는 천혜의 자연조건을 가지고 있으며 관련 기술과 인력도 충분히 공급되고 있어서, 향후 수많은 조선 인력과 항해 전문 인력, 관광 서비스 인력에게 가장 큰 인력수요를 창출하게 하여 현 정부의 정책기조와 부합하는 수많은 중소 유도선 사업자를 배출하고 일자리를 창출하게 될 것이다. 또한, 외국의 연안선박을 이용한 내국인에게 상응하는 좋은 선내시설과 국제적으로 인정된 안전운항시설이 설비된 고품질의 유선과 도선이 공급이 되고, 선내 서비스가 완비된 유·도선 사업이 발전되어야 국민들로부터 외면받지 않게 될 것이다.

3. 연안여객선사업 현황

1) 연안여객선사 규모와 현황

연안여객선사는 총 60개사가 운영 중이며, 38개사가(63%)가 자본금 10억 원 미만, 36개사(62%)가 보유선박 2척 이하로 영세한 시장구조를 형성하고 있다.

(1) 연안여객선사 현황

선사의 영세성으로 인해 여객선 건조를 위한 투자가 곤란한 상황으로 연안여객선 노후화를 초래하고 있으며, 총 매출액은 2,800억 원(업체당 47억 원)이며 총 영업이익은 157억 원(업체당 2.7억 원)에 불과하여 여타 육상교통에 비해 영업실적이 저조한 상황이다. 또한 연안여객운송시장은 선박 외에는 대체교통수단이 없기 때문에 여객서비스 공급자에 의해 지배되는 독·과점시장 구조를 형성하고 있다.

(2) 일반항로 현황

연안여객선은 총 112개 항로가 운영 중이며, 민간이 운영하는 일반항로는 85개 항로로서 143척의 여객선이 운항되고 있다.

① 서해권 인천-백령·연평 등 서해 5도를 중심으로 하는 장거리 항로와 강화, 덕적, 대산, 군산 등 지역의 중·단거리 관광항로로 형성(17개 항로, 26척)되어 있다.

② 서남해권 목포-제주 등 일부 장거리 관광항로가 있으나, 대부분은 도서민 운송 중심의 소규모 항로로 구성되어 있으며, 전체 일반항로의 60%를 차지(51개 항로, 84척)하고 있다.

③ 동남해권 부산-제주의 장거리 관광항로와 통영지역을 중심으로 하는 중·단거리 관광항로로 구성(11개 항로, 24척)되어 있다.

④ 동해권 포항·강릉-울릉 등 울릉도와 육지를 연결하는 장거리 항로만으로 구성(6개 항로, 9척)되어 있다.

(3) 보조항로 현황

수요부족으로 민간운영이 곤란한 항로로 총 27개 항로에서 27척이 운항 중이며, 소형 차도선(국고여객선 투입)이 다수 기항하는 방식으로 운항되고 있다.

민간 주도·수익성 위주(주요 거점 중심)의 면허발급이 계속되면서 항로가 복잡해지고, 해상교통망의 비효율성이 누적되고 있다.

여객선 기항지의 경우 주요 거점은 물론 중간기항지에 대한 투자 미흡으로 접안시설 등 기본시설 낙후가 심화되고 있으며, 장거리 항로는 카페리·초쾌속선 등이 관광객 위주로 운항하며, 항로별 2~3개 선사가 경쟁 중이다. 또한, 중·단거리 항로는 차도선·

일반선이 도서민과 관광객을 수송하고 있으며 근거리 · 다기항 개념으로 운항, 대부분 항로 독점체계형태로 운항되고 있다.

(4) 연안여객선 이용객 현황

연안여객선 이용객은 지속적으로 증가 추세를 유지하여 2013년 1,606만 명을 기록하였으나, 세월호 사고 발생으로 2014년은 1,427만 명으로 감소하고, 2015년은 전년대비 약 8% 증가한 1,538만명 이용하였다.

일반인이 1,168만 명, 도서민이 370만 명으로 일반인 이용객이 도서민에 비해 상대적으로 높은 비중(76%)을 차지하고 있다. 연안여객선 이용객의 증가는 주로 일반인 이용실적 증가에 기인한 것으로 해양관광객의 지속적 증가가 원인인 것으로 판단된다.

(5) 연안여객선 분석

총 169척의 여객선이 운항 중이며, 선종별로는 차도선 95척(56%), 카페리 선박 16척(9%)으로 여객 · 화물 겸용선이 65%를 차지하고 있다.

표 7-31 | 여객선 현황(2017. 01. 01 기준)

선 종		내 용	수
일반여객선	일반선	15노트 미만	23
	고속선	15~20노트	9
	쾌속선	20~35노트	10
	초쾌속선	35노트 이상	16
카페리		차량 탑재구역이 밀폐된 자동차 운송 겸용 여객선 (쾌속카페리는 운항속력이 25노트 이상)	16
차도선		선수램프를 통해 차량 · 여객 승 · 하선 (차량 탑재구역 개발)	95
총			169

여객 · 화물 겸용선은 세월호 사고 이후 선령제한이 강화(최대 운항가능기간 30년→25년)된 선종으로 시급히 여객선을 대체할 필요성이 존재하고, 연안여객선사의 영세성, 수익성 저하, 민간 금융기관 대출 곤란 등으로 인해 연안여객선의 노후화 현상이 심화되고 있다.

전체 연안여객선 169척 중 선령 20년 초과 여객선은 49척으로 29%를 차지하고 있으

며 지속적으로 증가 추세를 보이고 있다. 1995년 이후 총 40척의 국고여객선이 건조되었으며, 차도선 24척(60%), 일반선 10척(25%), 고속선 6척(15%)이 건조되었다. 현재 운항하는 국고여객선 26척 중 10척(38%)이 선령 15년 초과로, 노후화가 빠르게 진행되는 국고여객선 특성상 조기 대체가 필요하다.

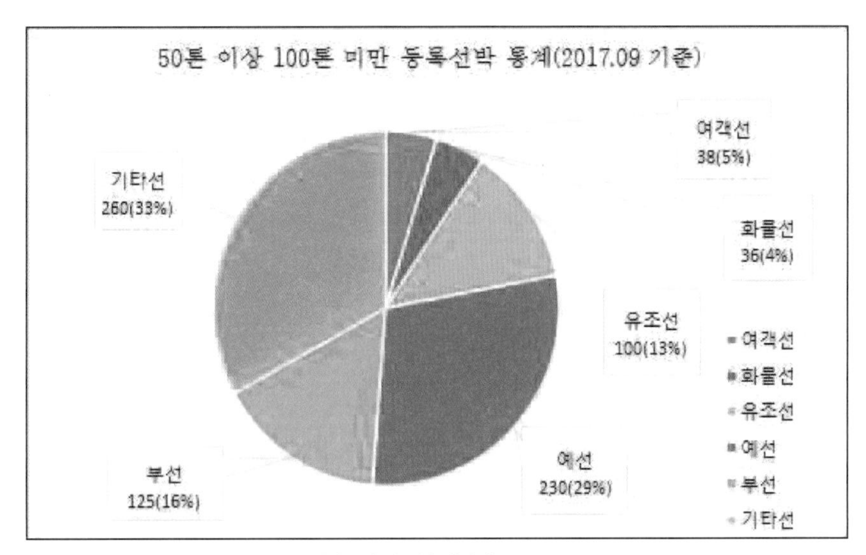

그림 7-18 | 50톤 이상 100톤 미만 선박 분포도

자료 : 해양수산부 등록선박 통계 2017.09

선령별로는 169척 중 83척이 15년 초과 25년 이하로 선령이 높으며, 톤수별로는 169척 중 108척이 100톤 초과 500톤 이하로 가장 많은 분포를 보이고 2,000톤 이상은 약 16척의 분포를 보이고 있다.

(6) 지역별 여객운송사업 현황

여객운송사업장으로는 전국적으로 169척의 선박과 69개의 업체가 있다. 목포가 64척의 선박과 21개의 업체로 가장 높은 비율을 차지하고 있으며, 다음으로는 여수가 27척의 선박과 12개의 업체, 마산이 23척의 선박과 8개의 업체, 인천이 18척의 8개의 업체가 있다.

표 7-32 | **지방청별 여객운송사업 현황**

	부산	인천	목포	여수	제주	마산	군산	포항	동해	대산
선박	3	18	64	27	8	23	7	5	4	10
업체	2	8	21	12	5	8	5	4	2	2

자료 : 2016년 연안해운통계연보

선종별 선박 분포로는 차도선이 95척으로 가장 많이 있고, 카페리와 초쾌속선이 16척씩, 일반선이 23척, 쾌속선과 고속선이 각각 10척과 9척이 있다.

표 7-33 | **선종별 선박 분포**

	차도선	카페리	초쾌속선	쾌속선	고속선	일반선
선종별	95	16	16	10	9	23

자료 : 2016년 연안해운통계연보

톤수로는 100~300톤 규모가 73척으로 가장 많이 있고, 300~500톤 규모가 35척, 100톤 이하가 33척, 500~1,000톤이 12척으로 그 뒤를 이었다.

표 7-34 | **톤수별 선박 분포**

	100톤 이하	100-300톤	300-500톤	500-1,000톤	1,000-3,000톤	3,000톤 이상
톤수별	33	73	35	12	6	10

자료 : 2016년 연안해운통계연보

화물수송사업장으로는 전국적으로 2,048척과 722개의 업체가 있다.

표 7-35 | **선종 · 선령별 선박 분포**

구분 / 분류	5년 미만	10년 미만	15년 미만	20년 미만	25년 미만	25년 이상
예부선 (기타선 포함)	67	110	120	179	342	646
유조선	33	12	11	39	105	60
화물선	9	20	25	44	74	152

자료 : 2016년 연안해운통계연보

화물선업체가 203개, 유조선업체가 131개, 기타선(예부선 포함)업체가 388개로 총 722개의 업체가 있고, 화물선이 316척, 유조선이 268척, 기타선이 1,464척으로 총 2,048척이 있다.

표 7-36 | 업종 및 선종별 업체 분포

구분 / 분류	유조선	화물선	기타선
업종별 업체 분포	131	203	388
선종별 업체 분포	268	316	1,464

자료 : 2016년 연안해운통계연보

여객수송현황 중 지방청별 여객수송은 목포가 6,394천 명으로 가장 많았고, 마산이 2,175천 명, 여수가 2,058천 명, 제주와 인천이 각각 1,560천 명과 1,375천 명으로 뒤를 이어 총 15,381천 명의 현황을 나타내고 있다.

표 7-37 | 여객운송사업면허 항로별 현황

<table>
<tr><th>구분 / 분류</th><th>항로명
(항로구분)</th><th>선명
선사명</th><th>선종
속력(노트)</th><th>총톤수
(톤, 정원)</th><th>항로거리
(운항시간)</th><th>기항지</th></tr>
<tr><td rowspan="3">부산</td><td rowspan="2">부산-제주
(일반)</td><td>서경파라다이스
㈜서경카훼리</td><td>일반카페리
17</td><td>6,626
613</td><td rowspan="2">169마일
(11:00)</td><td rowspan="2">-</td></tr>
<tr><td>서경아일랜드
㈜서경카훼리</td><td>일반카페리
17</td><td>5,223
880</td></tr>
<tr><td>중앙동-용호동
(일반/부정기)</td><td>누리마루
㈜테즈락센트럴베이크루즈</td><td>일반선
12</td><td>358
275</td><td>23마일
(01:30)</td><td>-</td></tr>
<tr><td rowspan="5"></td><td>대부-덕적
(일반)</td><td>대부고속훼리3
(유)대부해운</td><td>차도선
15</td><td>613
565</td><td>15마일
(01:40)</td><td>대부-자월-덕적</td></tr>
<tr><td>대부-이작
(일반)</td><td>대부고속페리7
(유)대부해운</td><td>차도선
15</td><td>489
520</td><td>14마일
(01:30)</td><td>대부-승봉-소이작</td></tr>
<tr><td>삼목-장봉
(일반)</td><td>북도고속페리
㈜한림해운</td><td>차도선
15</td><td>642
498</td><td>6마일
(00:50)</td><td>삼목-신도-장봉</td></tr>
<tr><td>(일반/예비선)</td><td>금오페리3
㈜한림해운</td><td>차도선
11</td><td>137
176</td><td>3마일
(00:25)</td><td></td></tr>
<tr><td>여의도-덕적
(일반/부정기)</td><td>현대아일랜드
현대해양레저㈜</td><td>쾌속선
25</td><td>37
70</td><td>56마일
(02:35)</td><td>여의도-김포터미널-이작-덕적(아라뱃길)</td></tr>
</table>

	외포-주문 (일반)	삼보12 ㈜삼보해운	차도선 13	393 385	18마일 (01:40)	외포리-볼음도 -아차도- 주문도
	인천-덕적 (일반)	대부고속훼리5 (유)대부해운	차도선 15	490 600	35마일 (02:40)	인천-자월-승 봉-이작-덕적
		스마트 KS해운㈜	쾌속선 25	194 304	28마일 (01:10)	인천-소야- 덕적
	인천-백령 (일반)	코리아킹 고려고속훼리㈜	초쾌속선 40	534 449	120마일 (03:40)	인천-소청- 대청-백령
		하모니플라워 ㈜제이에이치페리	쾌속카페리 40	2,071 564		
	(일반/에비선)	웨스트그린 고려고속훼리㈜	쾌속선 30	297 344		
	백령-인천 (일반)	씨호프 우리고속훼리㈜	초쾌속선 35	299 360	120마일 (04:00)	
인천	인천-연평 (일반)	플라잉카페리 고려고속훼리㈜	쾌속카페리 33	573 411	57마일 (02:00)	인천-대연평
		코리아나 고려고속훼리㈜	쾌속선 25	226 288	57마일 (02:30)	인천-소연평- 대연평
	인천-이작 (일반)	레인보우 우리고속훼리㈜	쾌속선 25	228 320	29마일 (01:20)	인천-자월- 승봉-이작
	인천-풍도(육도) (보조)	서해누리 ㈜대부해운	차도선 12	106 93	27마일 (02:30)	인천-방아머리 -풍도-육도
	하리-서검 (보조)	강화페리 ㈜삼보해운	차도선 10	69 54	3마일 (00:30)	하리-미법- 서검
	진리-울도 (보조)	나래 고려고속훼리㈜	차도선 15	159 161	28마일 (02:50)	진리-문갑- 굴업-백아- 지도-울도

자료 : 2016년 연안해운통계연보

테즈락 센트럴 베이 크루즈의 경우 내항 부정기 여객운송사업으로 허가를 받았으며, 관광협회중앙회의 회원사로 등록되어 있다(「관광진흥법」상 일반관광 유람선업으로 등록되어 있지 않음).

4. 국내 연안크루즈(일반 관광유람선)사업 현황

1) 규모에 따른 분류

해운업은 「해운법」, 「유선 및 도선 사업법」에 의해서 현재 운항되고 있는 관광유람선의 대부분이 29톤 이상 50톤 이하로서 승선인원 100명 내외이며, 50톤 이상 100톤 이하의 선박 승선인원은 100명에서 200명 이하이며, 500톤에서 1,000톤의 선박은 700명 내외의 관광객이 승선하고 있다.

표 7-38 | 규모별 관광유람선의 분류

구분 / 분류	규모	승선인원
소형 선박	50톤 이하	100명 내외
중형 선박	50톤~100톤	100~200명 내외
	100톤~500톤	500명 내외
	500톤~1000톤	700명 내외
대형 선박	1000톤 이상	1000명 이하

2) 유람선의 유형

국내에서 운항되고 있는 유람선은 당일 운항 유람선으로 2시간에서 3시간 이내이며, 지역 내 해안 또는 섬을 관광하는 섬 산행 등의 지역 내 운항 유람선이 대부분이다. 일부 유람선은 식사를 포함한 단체모임과 최근에 도입된 해맞이 프로그램 유람선관광이 있다.

3) 관광유람선의 개념

관광진흥법상 관광유람선업은 일반관광유람선업과 크루즈업으로 분류되고 있으며, 일반관광유람선은 해운법과 유선 및 도선사업법에 따른 유선사업의 면허나 신고 선박에 해당된다. 반면, 크루즈업은 해운법에 따른 순항여객운선업 또는 복합해상여객운송업의 면허를 받은 자가 편의시설을 갖춘 선박을 이용하는 사업을 칭한다. 일반관광유람선업과 크루즈업을 모두 포함하여 관광유람선업이라 하며, 아래와 같이 관광진흥법상으로 구분하여 명시되어 있다.

표 7-39 | **관광유람선업의 정의**

■ 관광유람선업 : 일반관광유람선업과 크루즈업 포함
- 일반관광유람선업 : 「해운업」에 다른 해상여객운송사업의 면허를 받은 자나 「유선 및 도선사업법」에 따른 유선사업의 면허를 받았거나 신고한 자가 선박을 이용하여 관광객에게 관광할 수 있도록 하는 업을 말한다.
- 크루즈업 : 「해운법」에 따른 순항여객운송사업이나 복합 해상여객운송업의 면허를 받은 자가 해당 선박 안에 숙박시설·위락시설 등 편의시설을 갖춘 선박을 이용하여 관광객에게 관광을 할 수 있도록 하는 업을 말한다.

4) 일반 관광유람선과 크루즈관광의 차이

대부분의 연구에서 보면 크루즈관광을 유람선관광으로 번역한 용어의 개념으로 인식하고 있으나 실질적으로는 크루즈관광과 유람선관광에 대한 분명한 차이가 있다. 관광진흥법상에서는 <표 7-40>과 같이 관광유람선은 일반관광유람선업과 크루즈업으로 구분하고 있어 크루즈관광과 유람선관광의 차이를 명확히 할 필요가 있다.

표 7-40 | **국내 유람선관광과 크루즈관광의 차이**

구 분		의 미	비 고
관광유람선		· 일반관광유람선, 크루즈관광을 포함 한 포괄적 의미를 지님	관광 진흥법
관광 유람선	일반관광 유람선	· 해운법에 따른 해상여객운송사업의 면허를 받은 자나 유선 및 도선사업법」에 따른 유선사업의 면허를 받거나 신고한 자가 선박을 이용하여 관광객에게 관광을 할 수 있도록 하는 업	해운업, 유선 및 도선사업
	크루즈 관광	· 순항여객운송사업이나 복합해상여객운송업의 면허를 받은 자가 해당 선박 안에 숙박시설·위락시설 등 편의시설을 갖춘 선박을 이용하여 관광객에게 관광을 할 수 있도록 하는 업	해운업

5. 국내 연안크루즈 현황

1) 크루즈관광 현황

한국의 크루즈관광은 '연안여객선'이나 '관광유람선'의 개념과 혼재되어 발전하여 왔으며 본격적인 의미의 크루즈관광은 1998년 금강산 크루즈관광으로 시작되었다.

표 7-41 | **국내의 국제크루즈시장 여건 변화 현황**

연 도	내 용	비 고
1998	금강산 크루즈 취항	동해 ↔ 금강산 운항
2000	부산시-스타 크루즈사 취항	한국 ↔ 일본 운항
2001	금강산 크루즈 운항 중단	카지노 불허 및 육로 개방원인
2001	스타 크루즈사 부산기항 포기	영업부진
2002	스타 크루즈사 평택기항	한국 ↔ 중국 ↔ 일본 운항
2004	헤성협운	크루즈 운항 면허 취득, 반납
2004	팬스타호 연안크루즈 운항	부산항 내 크루즈 운항
2008	팬스타 허니호 남해안 크루즈 운항	부산 ↔ 통영 ↔ 여수 ↔ 완도 ↔ 제주
2009	팬스타 허니호 운항 중단	국제선과 연계불리
2010	테즈락 센트럴 베이 크루즈	중앙동 ↔ 오륙도 ↔ 광안대교 ↔ 태종대
2011	팬스타 크루즈	한려해상국립공원(남동크루즈) 시범운항
2012	최초 국적 크루즈선 클럽하모니 운항	61항차 운항 후 적자로 반납(2013)
2016.12.2	크루즈산업의 육성 및 지원에 관한법	2017년 시행령 공포
2016	외국적 크루즈선 791항차 입항	크루즈 외국 관광객 1,949,409명 입국

표 7-42 | **국내 항만별 국제크루즈선 기항실적(단위:명)**

연도별		계	제주	부산	인천	여수·광양	속초	기타
2011년	항 차	144	69	42	31	–	1	1
	관광객	153,317	64,964	51,331	36,653	–	188	181
2012년	항 차	226	80	126	8	11	1	–
	관광객	282,406	140,496	121,394	6,538	13,548	430	–
2013년	항 차	414	185	109	95	17	1	7
	관광객	795,603	390,589	200,949	173,121	29,691	298	955
2014년	항 차	461	242	110	92	13	–	4
	관광객	1,057,872	590,400	244,935	183,909	37,879	–	749
2015년	항 차	415	285	71	53	1	–	5
	관광객	875,004	622,683	162,967	88,061	799	–	494
2016년	항 차	791	507	209	62	1	1	11
	관광객	1,949,409	1,204,959	572,550	165,088	3,319	1,847	1,646

금강산 크루즈관광은 크루즈사업의 등록과 각종 인·허가, 기반시설의 부족 등 법적·제도적 기반의 미흡으로 인해 크게 활성화되지 못했으며 육로를 통한 관광이 가능해지면서 중단되었다.

스타 크루즈사에서 부산과 평택을 모항으로 크루즈선박을 운영했지만 수익성 부족으로 운항이 중단되었다. 국내에서도 연안크루즈가 몇 차례 운항을 모색했으며, 2008년 '남해안 크루즈사업'까지 추진되었지만 2009년 국제금융위기의 여파와 고유가, 수요부족 등의 문제로 성공적인 운영을 하지 못한 채 운항이 중단된 상태이다.

2) 일반관광유람선 현황

(1) 한강 유람선 이용객 추이

2009년 약 52만 명이 한강 유람선을 이용하면서, 2012년 기준 대비 약 7%의 이용객 증가로 약 56만 명이 한강 유람선을 이용하는 것으로 나타났다.

표 7-43 | **한강 유람선 이용객 추이**

구분	2009년	2010년	2011년	2012년
이용객	520,799명	534,956명	548,227명	556,741명

자료 : 서울시 한강사업본부 국감제출자료, 2013.10

(2) 아라뱃길 유람선

최근 국민소득수준이 향상됨에 따라 삶의 질에 대한 관심이 높아지고 있으며, 주5일 근무제의 확산과 여가활동에 대한 관심의 증가로 우리나라도 관광시장이 급격하게 확대되고 있다. 최근에는 한강르네상스와 경인아래뱃길에 대한 관심이 증가하고 있으며, 경인아라뱃길과 서해를 연결하는 관광레저 기능에 대해서도 주목을 받고 있다. 한국의 관광시장여건을 고려할 때, 한강의 경인아라뱃길과 서해를 연결하는 새로운 관광 상품의 개발을 통한 국민복지의 증대 잠재력은 상당할 것으로 기대된다. 또한, 강에서 배를 갈아타지 않고 바다로 바로 나간다는 개념은 한국의 해양산업과 관광산업의 면모를 일신하고, 수도권 시장을 대상으로 하는 연안크루즈업의 성장을 촉진할 것이다.

(3) 지역별 일반관광유람선 운영 현황

관광진흥법에 등록된 관광유람선업은 전국적으로 40개사가 등록되어 운항하고 있다(2017년 6월 30일). 일반관광유람선은 100톤에서 1,500톤 미만의 선박으로 되어 있으며,

대부분 지역 내항에서 운항되고 있다. 지역을 벗어나 타 지역에서 운항하는 연안유람선은 전무한 실정이다. 일반관광유람선은 유람선 관광활동에 제약을 받고, 관광상품개발도 지역 간에 연계되지 않는 문제가 지적되고 있다.

표 7-44 | 전국 일반관광유람선 및 크루즈 운영 현황

지역	선박명	업체명	루트	규모(톤)	정원(명)	비고
서울	한강유람선	씨앤한강랜드	여의도~양화대교~여의도 외 6개 코스	125~430	200~585	일반관광유람선업
	뷔페유람선		여의도선착장~동작대교~양화대교~여의도선착장			
	라이브유람선		여의도선착장/잠실선착장			
부산	누리마루호	테즈락 센트럴 베이 크루즈	중앙동~오륙도~이기대~용호만(편도)/용호만~광안대교~동백섬~용호만(왕복)/용호만~이기대~오륙도~중앙동(편도)	358	278	내항부정기여객운송사업
	팬스타 드림호	팬스타 리인닷컴	동삼동 국제크루즈터미널~조도~태종대~몰운대~동백섬~광안리(광안대교)~동삼동 국제크루즈터미널	9,690	680	
	티파니21	부산 해상관광개발	해운대~이기대~오륙도~부산항~광안대교~해운대(주간) 해운대~광안대교~부산항(야간)	300	327	일반관광유람선업
	태종대유람선		부산대교~자갈치~태종대~오륙도~이기대~광안대교~동백섬~해운대	85	188	
충남	(합)부여 유람선	(합)부여 유람선	-	-	-	
	(주)금강발전	(주)금강발전	-	-	-	
전북	카네이션호	월명유람선	횡경도~방축도~장자도~무녀도~선유도	212	333	
	새만금유람선	새만금유람선	횡경도~방축도~대장도, 장자대교~선유대교~선유도	-	131	
	선유도유람선	한림해운	신시도~선유도~무녀도~비안도	273	280	
	군산유람선 관광사	군산유람선 관광사	-	-	-	
	변산반도 관광유람선	변산반도 관광유람선	-	-	-	
전남	평화해운	평화해운	-	-	-	일반관광유람선업
	다도해 유람선	국동 다도해 유람선	대교~장군도~오동도 왕복(무술목일주)	-	-	

	오동도유람선	오동도유람선	오동도 ↔ 돌산대교 왕복	–	–	
전남	울돌목 거북호	전남 개발공사	해남우수영~진도벽파진	368	174	
경남	해피킹호	통영 유람선협회	한려수도 일원	500	800	
	미남 크루즈	뉴거제크루즈 해양관광(주)	고현~가조도~취도~고현 고현/예침도~칠천도~망와도~저도~고현	1,350	860	
	상주유람선	상주유람선	–	–	–	
	한려수도호	삼천포 유람선협회	대방(본사) 선착장(출발)~삼천포대교~실안죽방장~마도~저도~신도~단항대교~기타 섬~신수도~삼천포화력발전소~코끼리바위~남일대해수욕장 씨앗섬~대방(본사) 선착장(도착)	–	1,000	
	패밀리호		대방(본사) 선착장(출발)~씨앗섬~남일대해수욕장~코끼리바위~삼천포화력발전소~신수도~기타섬~단항대교~신도~저도~마도~실안죽방장~삼천포대교 선착장(도착)	500	700	일반관광 유람선업
제주	제주 씨월드호	(주)씨월드 제주마린 리조트	서빈백사~주간명월~용머리바위~후해석벽~말뚝바위~동안경굴	191	330	
	제주사랑호		성산일출봉~독수리바위~멧돼지벽화~공룡바위	103	283	
	사랑의 유람선	그린크루즈	화순금모래해변~소금막~항만대~산방산~용머리~하멜상선~형제섬~진지동굴(송악산)~멧돼지바위~가파도, 마라도~두꺼비바위~용머리해안	191	330	
	샹그릴라	퍼시픽랜드	–	–	–	
	제주유람선	제주유람선	–	–	–	
	(주) 화영	(주)화영	–	–	–	
	김녕요트	김녕요트투어	–	–	–	
인천	월미도코스모스유람선	인천해양 관광페리	월미도~작약도~인천정유 앞~영종대교 밑~월미도	1,500	703	
	하모니호	현대해양레저 유람선	연안부두~월미도~영종도~인천국제공항~외항선경박지~팔미도~송도 앞바다~연안부두	700	550	
인천	해피투어	현대마린개발	승선~안전교육~체험낚시~바비큐뷔페~소원풍선~미니불꽃놀이~영상쇼~연안부두하선	199	506	일반관광 유람선업
	심청이관광 유람선	심청이관광 유람선	–	–	–	

	백령도유람선 협회	백령도유람선 협회	-	-	-	
강원	골드코스트 유람선	정동해운	금진항~헌화로~심곡마을~해돋이공원~모래시계공원~정동진역~등명해수욕장~금진항	52	146	

자료 : 관광협회중앙회 참고, 연구자 작성

표 7-45 | 유람선등록 현황

번호	사업장명	소재지 전체주소	인허가일자
1	속초엑스포유람선	강원도 속초시 조양동 1555-2번지	2015.11.04
2	퍼시픽랜드주식회사	제주특별자치도 서귀포시 색달동 2950-5번지	2006.06.01
3	제주마린리조트 영어조합법인	제주특별자치도 서귀포시 성산읍 347-9번지	2009.08.10
4	(주)그린쿠르즈	제주특별자치도 서귀포시 안덕면 화순리636-15번지	2010.04.19
5	(주)제이엠 그랑블루요트투어	제주특별자치도 서귀포시 대포동 2184-6번지	2011.10.15
6	대국해저관광(주) 서귀포잠수함	제주특별자치도 서귀포시 서홍동 707-5번지	2015.07.16
7	(주)화영	제주특별자치도 제주시 애월읍 애월리 407-2번지	2009.03.12
8	(주)김녕요트투어	제주특별자치도 제주시 구좌읍 김녕리 4212-2번지	2009.09.27
9	(주)제주해적잠수함	제주특별자치도 제주시 한경면 고산리 3615-6번지	2015.07.09
10	(주)이랜드크루즈	서울특별시 영등포구 여의도동 85-1번지	2004.08.26
11	제주씨월드주식회사	제주특별자치도 서귀포시성산읍 성산리 347-9번지	2017.04.25
12	(주)월명유람선	전라북도 군산시 비응도동 92번지	2003.07.30
13	(유)군산유람선관광사	전라북도 군산시 금동 1-17	2005.10.05
14	새만금유람선(주)	전라북도 군산시 옥도면 야미도리 63번지	2010.05.10
15	국동해운	전라남도 여수시 돌산읍 우두리 819-9번지	2003.04.23
16	뉴스타호	전라남도 여수시 수정동 23-13번지	2009.07.20
17	구만계곡야영장	경상남도 밀양시 산내면 봉의리	2015.03.27
18	해피킹호	경상남도 통영시 도남동 634번지	2010.11.04
19	주식회사 청룡해운관광	충청남도 당진시 석문면 난지도리 359번지	2015.05.01
20	지세포관광유람선 (지세2호, 지세3호)	경상남도 거제시 일운면 지세포리 929-90번지	2015.08.20
21	보령해상유람선관광(주)	충청남도 보령시 신흑동 2240-12번지	2011.12.08
22	(유)제주크루즈 해운	제주특별자치도 서귀포시 대정읍 하모리 2132-1번지	2005.12.21
23	(주)삼주다이아몬드베이	부산광역시 남구 용호동 959번지	2014.11.10
24	부산해상관광개발	부산광역시 해운대구 우동 1439번지	2006.08.04
25	부산해상관광개발	부산광역시 해운대구 중동 957-8번지	2010.04.19
26	주문진관광유람선	강원도 강릉시 주문진읍 184-92번지	2015.08.02

	주식회사		
27	103동백호(국동유람선)	전라남도 여수시 돌산읍 우두리 813-9번지	2015.07.29
28	현대마린개발(금어호)	인천광역시 중구 항동 7가 58-1번지	2015.10.30
29	(주)돝섬 해피랜드	경상남도 창원시 마산합포구86번지돝섬유람선터미널	2017.09.25
30	팬스타라인닷컴	부산광역시 중구 중앙동2가 3번지 팬스타크루즈프라자	2005.01.25
31	백두국제여행사	서울특별시 강북구 수유동 191-77번지	2014.03.06
32	월미도해양관광(주) 뉴코스모스호	인천광역시 중구 북성동 1가 98-251번지	2017.07.21
33	(주)백령도 유람선 협회	인천광역시 옹진군 백령면 진촌리 1494-3번지	2008.08.25
34	삼천포유람선협회 (훼밀리호)	경상남도 사천시 대방동 682-1번지	2006.12.08
35	삼천포유람선협회 (한려수도호)	경상남도 사천시 대방동 682-1번지	2008.03.20
36	포항영일만크루즈(주)	경상북도 포항시 북구 항구동 97-7번지	2016.06.01
37	월미도해양관광 비너스유람선호	인천광역시 중구 북성동 1가 98-24번지	2012.11.02
38	현대해양레져(주) 현대크루즈호	인천광역시 중구 항동 7가 58-1번지	2014.09.24
39	(주)거제칠천도크루즈	경상남도 거제시 하청면 어온리 587번지	2011.11.28
40	마리나베이 (라벤더,로즈마리)	경상남도 거제시 일운면 소동리 115번지	2014.06.16

자료 : 관광협회중앙회, 관광사업자 현황, 2017.11

제3절 한국의 연안크루즈 활성화방안

1. 아라뱃길 연계 연안크루즈의 필요성

1) 경인아라뱃길 현황

(1) 사업구간

① 인천 서구 오류동(서해)~서울 강서구 개화동(한강)

주요 시설물은 인천시 서구 경서동으로부터 서울시 강서구 개화동까지 관문 포함 총

18km(저폭 80m, 수심 6.3m)의 주운수로, 인천터미널(약 280만m²) 및 서해갑문 3기, 김포터미널(약 200만m²) 및 갑문, 횡단교량, 연장 15.6km(4차로)의 남측 제방도로 등으로 구성되어 있다.

그림 7-19 | 사업구간

(2) 항만 부두시설

부두 20선석 중 1단계로 16선석을 개발한다. 인천터미널의 경우 9선석으로 컨테이너 2선석, 여객 2선석(175m), 일반화물 5선석이다. 김포터미널은 7석으로 컨테이너 1선석, 여객 3선석(300m), 일반화물 3선석으로 이루어진다.

그림 7-20 | 터미널

(3) 갑문

선박이 안전하게 정박하여 여객과 화물을 내리고 실을 수 있는 터미널이 건설되며, 해상교통에서 육상교통으로 전환되는 거점역할을 수행한다. 서해갑문(인천)은 갑실 210m×28.5m, 수심 8.2m 형식의 갑문 2실이고, 한강갑문은 갑실 150m×22m, 수심 5.4m 형식의 갑문 1실을 설치한다.

그림 7-21 | 갑문

(4) 마리나

김포터미널에는 수상레포츠를 즐길 수 있는 마리나와 테마파크가 조성된다. 198만m² 규모로 갑문 1개, 11선석 규모의 부두가 들어선다.

그림 7-22 | 수변공간

2선석 규모 컨테이너 부두, 4선석 규모 해사부두 등이 들어서고 하루 1,000여 명 규모의 여객수송이 가능하도록 건설된다. 한편에는 요트 등을 정박해 놓을 수 있고 마리나 시설이 들어서며 컨벤션센터 및 호텔 등 수변공원도 조성된다.

(5) 경인항 접근항로

인천 제1항로에서 경인항 갑문 입구까지를 일컫는다. 총길이는 7.5km이고, 폭은 300m(영종대교 통과 전후 약 700m 구간은 200m 예상)이다. 준설 수심은 DL8m이다.

(6) 물류단지

203만m²(인천터미널 116만m², 김포터미널 87만m²)의 면적으로 화물의 하역, 보관, 선적, 여객 수송 및 휴식공간의 제공을 목적으로 입지적 특성을 고려하여 관광레저, 도심 물류거점으로 개발된다.

2) 관광자원 및 상륙 이용시설

(1) 수향8경

국토해양부와 K-water는 경인아라뱃길을 역사와 문화가 흐르는 아름다운 수변 문화공간으로 조성하기 위해 '경인아라뱃길 친수경관 조성공사'에 본격 착수한다고 밝혔다.

그림 7-23 | 수향8경 예상도

(2) 파크웨이

뱃길 남측을 따라 길이 15.6km, 폭 30~60m 지역에 수변공간을 조성한다. 다채로운 휴식공간, 친환경적 생태공간 등 특색 있는 공간으로 구성되어 문화허브의 역할을 하게 된다. 구간별로 갯벌 생태계를 조성한 조형갯벌, 야생화가 펼쳐지는 해안들판, 시천 워터파크, 안개협곡, 야생화 테라스, 풍경을 조망하는 들판도크 등이 조성된다.

표 7-46 | 수향8경과 파크웨이 시설 현황

구 분	주요시설	특 징
수향8경	제1경 서해(장래계획)	서해 수상레저시설
	제2경 인천터미널	섬마을 테마공원, 여객터미널 광장
	제3경 시천교 워터프런트	선착장, 수상무대, 수변스탠드
	제4경 리버사이드파크	폭포, 경관전망대
	제5경 만경원	전통누각, 담장, 나루터
	제6경 두물머리 생태공원	천변저류지 생태공원, 생태체험학습
	제7경 김포터미널	마리나 테마파크
	제8경 한강(장래계획)	한강 수상레저시설
파크웨이	경관도로	아라뱃길 남측 15.6km
	자전거, 인라인, 보행로	아라뱃길 양측 41.3km
	포켓파크(쌈지공원)	22개소

3) 아라뱃길 제한사항

(1) 목적

터미널 및 갑문으로 구성되어 서해와 한강을 운하로 연결하여 화물·여객의 운송 및 한강 르네상스 등 인근 개발계획과 연계, 레저 공간 창출을 목적으로 한다.

(2) 폭

평균 수로의 폭은 80m이며 단독통행 시 주관적 운항 난이도는 위험하지 않은 것으로 나오나 교행통행 시는 위험한 것으로 예상된다. 차후에도 운하의 확폭이 이루어지지 않으면 교행에 제한사항이 불가피할 것이다.

(3) 수심

평균 수심은 6.3m이며 보통 흘수 4.5m의 선박이 통항할 것으로 예상되어 UKC는 1.8m(40%)가 된다.

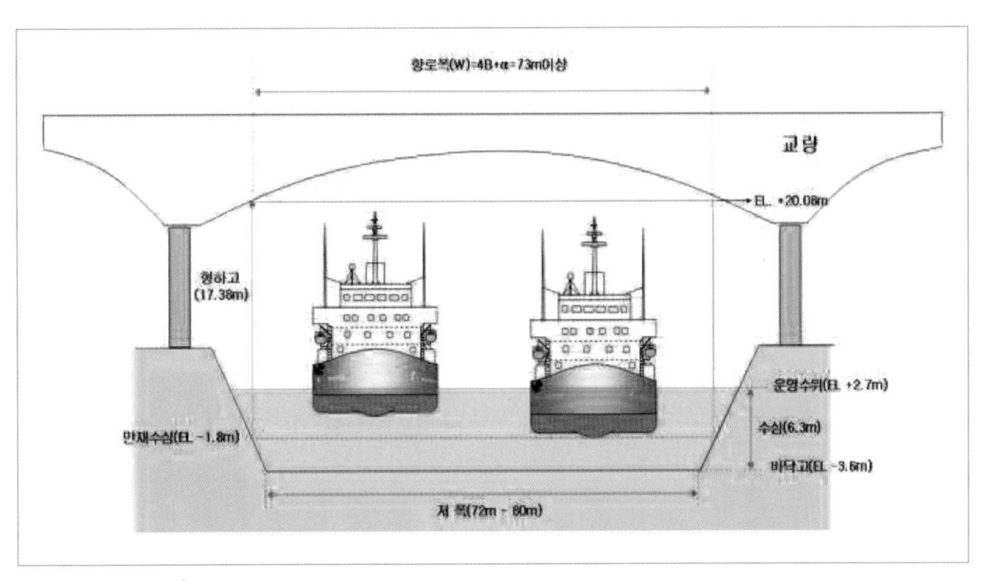

그림 7-24 | **주운수로**

4) ARA MAX

(1) ARA MAX에 충족한 선형

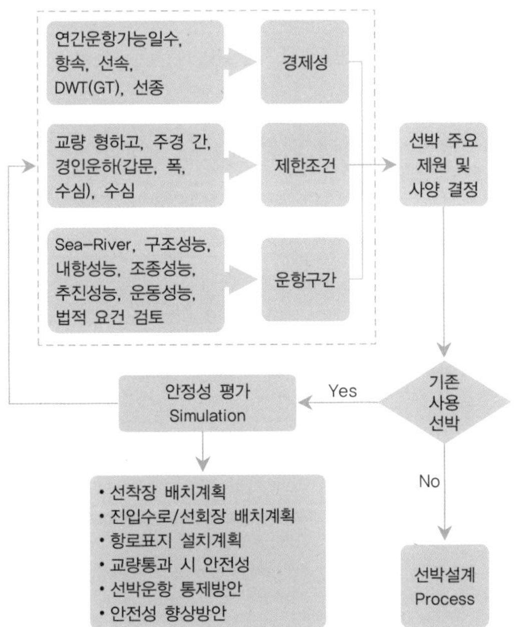

구분 종류	톤수 (GT)	전장 (L)(m)	형폭 (B)(m)	만재흘수 (d)(m)	비고
일반 여객선	2,000	83	15.6	4.0	이상
	4,000	107	18.5	4.9	이하
	7,000	130	21.2	5.7	
	10,000	147	23.2	6.6	
	20,000	188	27.5	6.6	
	30,000	217	30.4	6.6	

통항 예상 선박	
컨테이너 선박 (1,000TEU)	180M(길이)×25M(폭)×9.0M(흘수) 인천터미널 외항 부두에만 기항
모델선박(250TEU)	100M이하×25M이하×4.5M이하
자동차 운반선 (7,000G/T급)	140M×22M×6.5M 인천터미널까지 운항
해사바지선 (2,250CBM)	135M×16M×4.5M 김포터미널까지 운항
철강선(7,500DWT급)	120M×20M×6.5M 인천터미널까지 운항
한강르네상스여객선 (5,000G/T)	전 구간 운항
연안여객선 (2,000G/T)	전 구간 운항
요트(중형)	11M×3.8M×1.2M 전 구간 운항
어선	20M×5M×2M 전 구간 운항

그림 7-25 | **모델선박 제한사항**

구분	내용
선폭 선고 선저	• 평균 수로의 폭은 80 m(저폭 72M) • 선폭(Beam)은 30m 이하 • 선고(Height)는 17m 이하 • 선저 최대 6.3-최소 1.8m
수심	• 평균 수심은 6.3m 며 보통 흘수 4.5m 선박이 통항할 것으로 예상되어 UKC는 1.8M(40%)가 된다.

그림 7-26 | 터미널 고려사항

2. 프로그램 기획

1) 연안크루즈 프로그램 기획

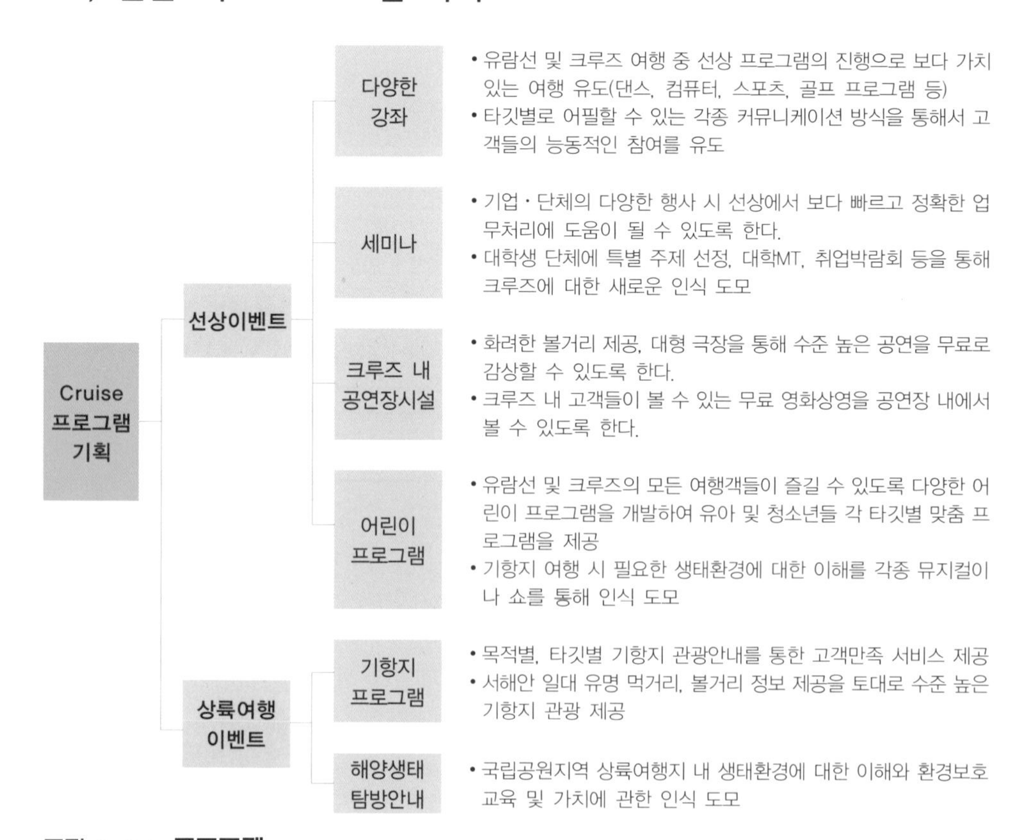

그림 7-27 | 프로그램

2) 효율적 프로그램

다양한 유, 무료 강좌의 개발은 수익성 높은 크루즈상품을 만들 수 있다. 댄스강좌는 1시간에서 1시간 30분 정도 진행하며, 왈츠 · 살사 · 스윙 등 각 주제별로 강좌가 진행된다. 컴퓨터 강좌는 전용컴퓨터실에서 수준에 맞춘 유익한 수업을 제공한다. 게임 레슨: 카지노에서 필요한 포커 · 룰렛 · 블랙잭 · 슬롯머신 규칙 등을 강습한다. 스포츠 관련 강좌는 피트니스센터에서 진행하며, 스트레칭· 에어로빅 등과 같은 몇 개의 프로그램은 무료로 운영하며, 별도 유료 프로그램으로는 요가· 필라테스, 실내 사이클링, 그 밖의 스쿠버다이빙· 윈드서핑 등을 만들 수 있다. 골프레슨· 동양의학 및 치위생 관련 강좌 등 의료 관련 강좌 · 냅킨 접기 · 꽃꽂이 등이 있다.

표 7-47 | 상품개발(안) : 상설 프로그램 · 션 프로그램

상설 프로그램	옵션 프로그램	
• 한국의 철새관찰 • 해양 동 · 식물 탐사 • 선상음악회	• 요리교실 • 참가자와 함께하는 선상이벤트 • 각종 레저스포츠(낚시, 요트, 갯벌체험) • 변장이벤트(이순신 장군, 해적)	• 승객 가요경연 및 장기대회 • 예능 체험교실 • 캐리비안의 해적 체험

3) 프로그램 사례

(1) 외국 연안크루즈 선사의 선내 프로그램

표 7-48 | 주요 유럽의 선사

선박의 유형	선박의 종류	서비스 내용
Major European Cruise	Classic cruises	• 소규모 소형배, 요트 제공 • 개인의 취미를 반영하는 기내에서의 자유시간 • 저녁시간 동안의 항구, 해안가에서의 자유시간 • 무료로 제공되는 와인, 맥주
	Fred. Olsen cruise line	• 카바레 스타일의 엔터테인먼트 서비스 제공 • 뮤지컬, 영국 스타일의 코미디, 라이브공연과 댄스타임 프로그램 제공 • 교육적 프로그램 제공 • 매주 금요일 싱글 여성을 위한 댄스파티
	Hapag-Lloyd	• 영어로 제공되는 데일리 프로그램 서비스, 안내문 • 개인적인 e-mail 사용을 위한 연결 제공 • 개인 베란다, 스파, 카지노 시설 제공
	Kristina Cruises	• 저녁시간 동안의 음악, 영화, 식사 제공 • 2인용 다이닝룸서비스 제공 • 작은 사이즈의 사우나시설
	Society expeditions	• 11월~2월 남극을 항해하는 탐험선박 운항 • 미개척지로 항해하는 모험 크루즈선박 운항
	Thomason cruises	• 2개의 레스토랑, 라운지, 수영장과 4개의 바 시설 제공 • 아이들을 위한 시설 제공 • 헬스장, 사우나, 마사지룸, 도서관 등의 시설 제공
	Sailing vessels	• 시내 또는 바닷가 근처의 정박 • 원하는 해상스포츠 참가 가능 • 가재요리를 포함한 다양한 음식 제공 • 오락시설과 다이닝룸의 풀서비스 제공
	Club med cruises	• 구매 가능한 프리미엄 와인, 그릴 푸드 제공 • 해변가에서의 프로그램 제공 • GO'S 스태프들에 의해 제공되는 MGM 스타일의 오락프로그램 제공
	Sea cloud cruises	• 금으로 만들어진 시설과 프랑스산 침대 등의 고급스러운 시설 제공

자료 : The Total Traveler Guide to Worldwide Cruise, pp. 566–597

표 7-49 | 유럽의 강상크루즈(River Cruises) · 운하크루즈(Canal Cruises) 선사

선박의 유형	선박의 종류	서비스 내용
유럽의 강상크루즈	• 크루징 동안의 공연과 갑판무대 위의 무대시설 등 제공 • 여느 크루즈선사와 동일한 수준의 식사 제공 • 서커스, 오페라, 영화, 발레 등을 관람하기 위한 저녁 외출시간 제공 • 포괄운임: 맥주, 하우스 와인, 소프트드링크, 독일산 스파클링 와인 등을 모두 포함하는 운하서비스	
유럽의 운하크루즈	Abercrombie & Kent	• 프랑스, 네덜란드, 벨기에, 영국, 아일랜드, 스코틀랜드, 영국의 와인 테이스팅과 골프 프로그램 제공
	Continental waterways	• 프랑스, 네덜란드, 벨기에의 와인 테이스팅과 골프 프로그램 제공
	Elegant cruises	• 남프랑스 부르고뉴 지방의 골프상품 제공
	European waterways	• 프랑스, 영국, 아일랜드, 스코틀랜드의 여행일정 제공
	French country waterways	• 특색 있는 와인 시음기회 제공 • Michelin-starred 레스토랑에서의 저녁식사 제공
	Expedition vessels	• 전 세계의 작거나 외딴 지역에의 탐험기회 제공
	World explorer cruises	• 헬스상, 도서관시설 제공 • 지속적인 교육 제공
	Star cruises	• 타일랜드 크루즈 : 3~4가지의 야간골프 프로그램 제공 • 갬블링 카지노시설 • 다양한 언어구사가 가능한 스태프 • 자유로운 스타일의 식사 트렌드 • class system 제공(예약자 상태의 맞춤형 선실) • admiral 승객들에게 특권 제공
	Oceanic cruises LTD	• 2개 국어를 사용하는 스태프 • 다이닝 룸에서 제공되는 일본과 미국의 특선요리 • 일주일의 일본 여행일정 제공
	공통사항	• 선사 위에서의 조깅 가능한 트랙시설 제공 • 칵테일, 와인, 해안가 프로그램을 포함(와인은 항상 식사 가격에 포함) • 영어 구사가 가능한 스태프

자료 : The Total Traveler Guide to Worldwide Cruise, pp. 566-597

(2) 팬스타 크루즈 프로그램

팬스타 크루즈에는 다음과 같은 프로그램이 있다.

- 승선 시 웰컴 이벤트 및 공연
- 스크린 영상과 함께하는 마술쇼, 중국 무예쇼, 전속 밴드공연, 트럼펫·소폰 연주, 벨리댄스팀 공연, 팬스타 드림호 승무원밴드 공연
- 원나이트 크루즈 야간 불꽃놀이
- 노래 경연대회
- 외국어 안내서비스(영어, 일어)
- 기타 사항 : 부록 참고

(3) 뉴질랜드 '와일드라이프 투어(Wildlife tour)' 프로그램 사례

1983년부터 시작되었으며 뉴질랜드 관광부분 최고상을 3회 수상한 경력이 있다. 오타고반도의 아름다움과 야생조류 및 동물을 관찰할 수 있다. 오타고반도를 따라 미니버스를 타고 시닉 드라이브를 할 수 있고 옵션으로 펭귄 서식지나 라나크성을 방문할 수 있으며 최종적으로 연안크루즈를 타고 탐사를 즐긴다. 세계에서 가장 큰 새 '알바트로스', 뉴질랜드 물개 '옐로아이드펭귄', '바다사자' 등을 배를 타고 최대한 피해를 주지 않는 선에서 가까이 다가가 관찰할 수 있게 한다. 1인당 망원경과 윈드재킷을 대여해 주며 스낵과 기념품 구매, 커피나 뉴질랜드 차가 제공된다. 생태관광지로는 세계적인 명성을 가지고 있다.

표 7-50 | 와일드라이프 투어

		1시간	2시간	종일
코스				
이용 수단		• 전용 미니버스	• 전용 미니버스 • 모나크 코스	• 전용 미니버스 •모나크 코스
탐사내용		• 시닉 드라이브 • 알바트로스 알 보금자리 • 해안 물개 서식지(환경에 따라 펭귄이나 야생조류 관찰 가능)	• 시닉 드라이브 • 옵션에 따른 'larnach' 캐슬 혹은 펭귄 서식지 방문 • 크루징(알바트로스 및 야생조류 관찰, 물개, 펭귄, 바다사자 등)	• 시닉 드라이브 • 펭귄 서식지 • 알바트로스 서식지 및 센터 • 크루징(알바트로스 및 야생조류 관찰, 물개, 펭귄, 바다사자 등)
계절 및 시긴	여름	10:30am/12:00pm/2:00pm/3:15pm/4:30pm	9:00am ~ 12:30pm/ 3:30pm ~ 7:00pm	10:30am ~ 7:00pm
	겨울	2:30pm/3:30pm (요청 시)	1:00pm to 5.00pm (크루즈로만 운항)	10:30am ~ 6:00pm
가격	어른	$46	$87 (펭귄투어 추가 시 $133)	$215 (캐슬 추가 시 1시간 연장 $236)
	아이	$20 (5세 ~ 15세)	$30 (펭귄투어 추가 시 $51)	$108 (캐슬 추가 시 1시간 연장 $118)

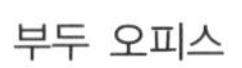
부두 오피스

해안가에서 쉬고 있는 물개

알바트로스

옐로아이드펭귄

미니버스

모나크 크루즈

그림 7-28 | 모나크 와일드라이프 투어 모습

표 7-51 | 모나크 와일드라이프 선박 제원

모나크 와일드라이프 투어	
전장	16.5m
선폭	4m
흘수	1.8m
속도	9knots
건조연도	1952

4) 한국 연안크루즈선상 프로그램 구축방안

(1) 다양한 서비스와 효율적 프로그램

우리나라의 연안크루즈선에 다음과 같은 프로그램을 운영한다면 보다 큰 성공을 거둘 수 있을 것이다.

- 항로코스 안내물 배치(한국어, 영어, 일본어, 중국어, 프랑스어, 독일어, 스페인어)
- 철새나 물범 등 계절별 야생동물들 생태관찰
- 야생조류 및 동물, 자연경관 사진 찍기 대회
- 놀이용 바다 낚싯대(쓰레기 수거 외 바다낚시)
- 섬, 해안, 해식애, 암벽 등 자연자원 해설
- 배 위나 기항지에 야생조류 관찰을 위한 먹이 설치대 마련
- 생태 둘레길 등 기항지의 짧은 트레킹 코스 마련
- 선상 위 한국의 차나 커피 제공
- 바다 날씨에 대비한 윈드재킷 대여 및 개인 망원경 대여
- 배지와 같은 무료 기념품 제공
- 철새 및 물범 등 각종 조류 및 어류 생태교육 실시(동영상 자료 및 안내자 설명)

3. 연안크루즈 관련 법규 및 제도

1) 크루즈 관련 법규

(1) 크루즈 관련 법규

크루즈사업 관련 법은 인·허가에 대해 해운법, 「관광진흥법」, 선박·선원에 대해 「선박법」·「선원보험법」·「국제선박등록법」·「선원법」, 입출항에 대해 「개항질서법」·「검역법」·「관세법」·「출입국관리법」, 환경·안전에 대해 「해양환경관리법」·「선박안전법」·「해상교통안전법」, 그리고 기반시설과 관련하여 「국토이용관리법」·「해양개발기본법」·「항만법」·「민간투자법」이 있다. 「해운법」의 입출항, 도선, 출입국, 선원 관련 등에서 법제도의 정비가 필요하다. 현행 「해운법」은 화물운송, 여객운송, 해운부대

사업 등을 주요 대상으로 하고 있으나 대부분이 화물운송과 관련된 내용이며, 여객운송에 대한 내용은 일부에 국한되고 있다. 특히 크루즈에 대한 내용은 일부에 국한되고 있다. 또 사업형식에 대한 규정만 있을 뿐 실제사업과 관련된 내용은 거의 없다. 「선원법」도 화물선에 승선하는 선원에 대한 내용이 대부분이며, 여객선 및 크루즈선박에 승선하는 선원 및 승무원에 대한 규정은 별로 없는 실정이다. 화물선을 위주로 하는 현행 「선원법」을 크루즈선박에 적용할 경우 일반 승무원의 활동에 상당한 제약이 따르게 된다.

「항만법」에서는 크루즈선을 포함한 모든 여객선에 대해 선박 입출항료를 50% 감면하고 있다. 국내의 경우 화물선에 대해서는 볼륨 인센티브 등과 같은 추가 감면제도가 있으나 여객선에 대해서는 단일한 항비를 적용하고 있어 입항횟수가 많은 선사와 선박에 대한 혜택이 없다. 국내의 항만 입출항료가 외국에 비해 높은 수준은 아니지만 일정기간 동안 정기적으로 입항하는 선사의 입장에서는 부담이 될 수 있다. 현행 도선법에 따르면 국적선의 선장이 동일선박을 일정횟수 이상 운항 후 입항 시에는 강제도선을 면제할 수 있도록 하고 있다.

국내에 크루즈선박이 없는 상황에서 한국인 크루즈 선장을 찾기가 쉽지 않아 크루즈선박의 경우 적용이 쉽지 않고, 외국 크루즈선박을 유치해야 하는 한국의 입장에서는 유치활동에 장애가 될 수 있다. 크루즈관광은 수송보다 관광 자체가 목적이고, 크루즈승객도 특정 항만에서 하선하더라도 입국이 목적이 아니기 때문에 관광 후 재승선을 한다. 외국의 주요 크루즈항만에서는 크루즈승객에 대한 무비자통과(TWOV: Transit Without VISA)를 적용하고 있으나 한국은 이를 적용하지 않고 있어 크루즈선박 유치에 장애가 될 수 있다.

표 7-52 | 크루즈관광 사업추진 관련 법 현황

관련 분야	관련 법규	주요 관련 내용
기반 시설	국토이용관리법	• 항만구역 등 지정통보(규칙 제3조) • 공공시설 등의 설치 협의(령 제21조) 등
	해양개발기본법	• 항로・항만개발 등 해양공간자원의 이용(제9조, 령 제10조) 등
	항만법	• 항만의 신설・개축・유지 및 보수(제9조) • 종합여객시설 점용허가(제36조) • 항만운영 전산망 구성 및 운영(제70조의 3) • 항만시설 사용 및 요금징수(령 제20조의 2) 등
	민간투자법	• 사회간접자본 시설의 정의(제2조) 등

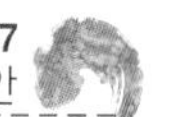

인허가	해운법	• 해상여객 운송사업의 종류・면허(제3, 4조) • 해운중개업, 해운대리점업, 선박대리점 및 선박관리업(34조) • 계획조선자금지원(제46조) 등
인허가	항만운송사업법	• 항만운송관련 사업(제2조 ②) 등
	관련진흥법	• 관광객이용시설업 규정(제3조) • 관광유람선업 등록기준(령 제7조) 등
선박・선원	선박법	• 선박의 국적(제2, 3조)
	선원보험법	• 보험제도(각 조항)
	선원법	• 선원의 직무(제6조 16조) • 선원의 근로조건(령 제2, 3조) 등
	국제선박등록법	• 국제선박에 대한 지원(제9조) • 등록대상 선박(령 제2조) 등
입・출항	개항질서법	• 입・출항의 신고(제5조) • 수리 또는 개선(제7조) 등
	출입국관리법	• 선박 등의 검색(제69조) • 출・입항 예정 통보(제86조) 등
	검역법	• 검역조사(제9조), 무전검역(제22조) 등
	관세법	• 입・출항 절차(제44, 45, 46조) 등
환경・안전	선박안전법	• 구비시설과 장비(제4조 2,3) • 검사(제5조) • 국제협약 등에 따른 각종 통제(제13조) 등
	해양오염방지법	• 선박으로부터의 폐기물의 배출 규제(제33조) 등
	해양교통안전법	• 해상안전 및 해상교통관리(제6조) • 해상교통관리교육훈련(제7조) • 항로의 지정(규칙 제8조) 등

자료 : 한국문화관광정책연구원

(2) 인허가 관련 법규

크루즈사업 인허가와 관련된 법률로는 「해운법」・「유선 및 도선사업법」・「관광진흥법」 등이 있다. 「해운법」은 해상운송의 질서유지, 해상운송사업의 건전한 발전 도모를 위하여 제정된 것으로, 해상여객운송사업, 해상화물운송사업, 해운중개업, 해운대리점업, 선박대여업 및 선박관리업으로 분류되며 이 중 크루즈는 해상여객사업 중 기타 여객운송사업에 해당된다. 「유선 및 도선사업법」은 면허 또는 신고, 영업구역 및 영업시간, 승선정원, 크루즈사업자의 안전운항 의무, 안전검사 및 안전관리, 요금 및 운임 등에 대하여 규정하고 있다. 크루즈는 도선사업법 중 유선사업에 해당한다. 크루즈사업은

「관광진흥법」 상으로는 관광객이용시설업의 관광유람선업에 해당된다.

표 7-53 | 인허가 관련 법

구 분		내 용
관광 진흥법	분류	관광유람선 사업은 「관광진흥법」 중 관광객 이용 시설업에 속함
	정의	「해운업법」에 의한 해상 여객운송사업 면허를 받는 자 또는 「유선 및 도선산업법」에 의한 유선업 영업신고를 한 자로서 선박을 이용하여 관광객에게 관광을 할 수 있도록 하는 일
	등록기준	• 구조 : 선박안전법의 규정에 의한 구조 및 설비를 갖춘 선박일 것 • 선상시설 : 이용객의 숙박 또는 휴식에 적합한 시설을 갖추고 있을 것 • 위생시설 : 수세식 화장실과 냉 · 난방 설비를 할 것
유선 및 도선 사업법	정의	유선사업은 유선 및 유선장을 갖추고 하천, 호수 또는 바다에서 어업, 관광, 기타 유락을 위하여 선박을 대여하거나 유락하는 사람을 승선시키는 것을 영업으로 하는 사업
	면허 또는 신고	• 바다 : 해양경찰청장의 면허를 받거나 시도지사 또는 해양경찰청장에게 신고 • 하천과 바다에 걸쳐 있거나 2개 이상의 시도에 걸쳐 있는 경우 : 유람선을 주로 매어두는 장소를 관할하는 시도지사 또는 해양경찰청장의 면허를 받거나 시도지사 또는 해양경찰청장에게 신고
해운법	분류	크루즈 관광사업은 해양여객운송사업과 관련이 있음
	정의	해상 또는 해상과 인접한 내륙수로에서 여객선으로 사람 또는 사람과 물건을 운송하거나 이에 수반되는 업무를 처리하는 사업으로써 항만운송사업법 규정에 의한 항만운송관련사업 이외의 것을 의미
	분류	• 내항정기여객운송사업 : 국내항 간에 일정한 항로 및 일정표에 의하여 운항하는 해상여객운송사업 • 내항부정기여객운송사업 : 국내항 간에 일정한 항로 또는 일정표에 의하지 아니하고 운항하는 해상여객운송사업 • 외항정기여객운송사업 : 국내항과 외국항 간 또는 외국항 간에 일정한 항로 및 일정표에 의하여 운항하는 해상여객운송사업 • 외항부정기여객운송사업 : 국내항과 외국항 또는 외국항 간에 일정한 항로 및 일정표에 의하지 아니하고 운항하는 해상여객운송사업 • 기타 여객운송사업 : 이 이외의 해상여객운송사업

자료 : 한국문화관광정책연구원

1단계

해운업 또는 유선사업 면허 취득

해운법	유선 및 도선사업법
해상여객운송사업	
순항여객운송사업	
내항부정기 여객운송사업	

사업면허/신고/제출서류/기준

대통령이 정한 규모 2천 톤 이상일 것	면허를 받거나 관할청에 신고할 것 (제3조 참조)
5조제1항제2호 및 제5호에 따른 시설을 갖출 것	사업의 양도, 양수시 관할청장에 신고할 것
장관 또는 항만청장에게 사업계획서를 첨부한 신청서 제출할 것(별지 1호서식 이용)	대통령 기준에 맞는 선박, 시설, 장비, 인력을 갖출 것(선박안전법시설기준 또는 안전검사받은 선박)
사업시작전수송수요 기준에 맞을 것 (제4조 참조)	대통령이 정한 바에 따라 보험에 가입할 것
국토해양부령으로 정한 여객선보유량과 선령이 기준에 맞을 것(별표2 참조)	
국토해양부장관에게 미리 운임과 요금을 신고할 것	국토해양부장관에게 미리 운임과 요금을 신고할 것

그 외 주요사항

정부는 대통령령으로 정하는 바에 따라 자금의 일부를 보조 또는 융자하게 하거나 융자를 알선할 수 있다.	영업구역은 선박검사 시 정해진 항해구역 내 관할청장이 지정한 구역 또는 안전검사 시에 정하여진 구역 또는 거리 이내이다.
해운업경영을 위해 선박수입을 하거나 건조하는 자에게 해당선박의 소유권 취득 후 선박담보로 융자가능	

2단계

관광유람선업에 등록(관광진흥법)

일반관광유람선업	크루즈업
해운법에 따른 해상여객운송사업의 면허를 받은 자	해운법에 따른 해상여객운송사업 면허를 받은 자
유선사업의 면허를 받거나 신고한 자	해운법에 따른 복합해상여객운송사업 면허를 받은 자

사업면허/신고/제출서류/기준

(법 제4조1항/시행령 제3조제1항)에 따라 자치구의 구청장에게 관광사업등록신청서를 제출

등록사업자는 사업자 상호, 대표자성명, 주소 및 소재지, 선박의 척수, 선박의 제원이 기재되어야 함

그 외 주요사항

〈카지노의 허가요건〉

- 우리나라와 외국 간을 왕래하는 여객선 1만 톤급 이상일 것
- 전년도 수송실적이 문체부장관이 공고하는 기준에 맞을 것 등
- 시행규칙 제5조1항에 따른 허가신청서를 문화체육관광부장관에게 제출
- 시행규칙 제23조1항에 따라 기준에 맞는 시설 및 기구를 갖출 것

3단계

관련법률 검토

항만법 검토

〈항만시설의 사용〉

- 선박료
- 화물료
- 여객터미널이용료
- 항만시설전용사용료

국토해양부장관의 허가
위임 또는 위탁받은 자와 임대계약체결
임대계약체결자의 승낙
국토해양부장관이 정한 항만 사용 시 국토해양부장관에게 신고할 것

〈항만시설사용료의 면제〉

- 행정목적의 국가나 지방자치단체
- 「해운법」에 따른 해상여객운송사업자
- 국토해양부장관이 정하는 해운 및 항만 관련 비영리법인

선박안전법 검토

「해운법」 제3조제1호 및 제2호에 따른 내항정기여객운송사업 또는 내항부정기여객운송사업에 사용되는 선박에게 적용되어 용도에 따른 기준에 맞는 검사, 검정, 승인을 받아야 함

그림 7-29 | 법률인허가 단계

2) 입출항 관련 제도

(1) 항비

크루즈선 관련 항만시설사용료는 선박입출항료, 접안료, 정박료 등으로 구분해 볼 수 있다. 무역항의 항만시설 사용 및 사용료에 관한 규정(국토해양부 고시)에 의해 국제유람선(크루즈선)에 대하여 항만시설사용료 감면을 적용한다(선박입출항료는 50% 감면, 접안료·정박료는 2006년까지 시한을 두고 50% 감면). 입항실적에 따라 화물에 대해서는 볼륨 인센티브와 같은 혜택이 있는데 반해, 크루즈선에 대해서는 인센티브제도가 없어서 상대적으로 불이익을 받고 있다고 볼 수 있다. 한국의 항만은 컨테이너화물 중심이어서 화물입항료가 외국의 항만보다 저렴하나 선박입출항료, 접안료 등은 외국의 항만보다 높게 책정되어 있는 것으로 알려져 있고, 외국의 경우 정박료는 징수하지 않는 경우가 대부분인 것으로 나타났다.

자렛(Jarrett)은 아시아에서 여객을 모집하는 것과 관련한 비용은 미국과 카리브해보다 2~3배가량 많이 든다고 보고한 바 있다(Jarrett, 1997). 일부 아시아 국가에서는 비자 발급비용이 많이 들고 관광상품들이 비싸며, 또 다른 아시아 국가는 항만시설사용료가 비싼 경우도 있다고 지적했다.

표 7-54 | 항만시설사용료

구분	요율	징수기관
선박 입출항료	1회 입항 또는 출항 시(1톤당) : 128원	정부
접안료	총톤수 150톤 이상의 선박 • 기본료(10톤, 12시간당) : 외항선 340원, 내항선 114원 • 초과사용료(10톤, 1시간당) : 외항선 28.4원, 내항선 9.5원	지방자치단체
정박료	총톤수 150톤 이상의 선박 • 기본료(10톤, 12시간당) : 외항선 178원, 내항선 58원 • 초과사용료(10톤, 1시간당) : 외항선 14.9원, 내항선 4.9원	정부

자료 : 한국문화관광정책연구원

(2) 입출항 절차(입국심사)

제2-1조 “20인 이상 단체여행객 사전세관신고”는 크루즈승객의 입국편의와 관련하

여 큰 의미가 없을 것으로 판단된다. 현재도 관세청 “여행자 및 승무원 휴대품 통관에 관한 고시”에 의하면, 유람선을 이용하여 일시 입국하는 외국인 여행자는 대표자 1인의 일괄신고가 가능하도록 되어 있다. 제3국 여행 통과객은 입국사증을 소지하고 미국, 일본, 캐나다, 호주, 뉴질랜드로 가는 자와 유럽 입국사증을 소지하고 유럽으로 가는 중국인으로 입국심사 시에 항공권, 목적지 입국사증 등을 확인하여 허가요건에만 부합하면 입국을 허가하고 있다. 외항 크루즈선이 국내의 여러 항구에 입항하는 프로그램인 경우 기항지마다 출입국심사를 반복하는 일이 발생할 수 있으므로 이 경우 처리방법을 확정할 필요가 있다. 현재는 첫 기항지에서 입국과 출국 절차를 마치고, 두 번째 기항지 이후에는 이동인원만 확인하는 임시방편적인 방법을 이용하고 있다. 한 번 입국심사를 받으면 국내지역에서는 다시 추가적인 입국심사를 받지 않도록 하는 시스템이 필요하다. 외국의 경우 크루즈선 탑승객의 입국심사의 편의를 위해 선상수속을 확대해 가는 추세이다. 세계 대부분의 국가에서는 크루즈 여행객을 유치하고자 하는 노력의 일환으로 관광 관련 행정당국에서 CIQ 관련 당국에 사전협조를 의뢰하여 간편한 절차로 CIQ를 거치도록 하는 경우가 많다. 크루즈선박의 입항에 대해 호의적인 국가에서는 대개의 경우 다수의 CIQ 관리들이 항구 외항의 도선사들이 탑승하는 도선위치까지 예인선에 동승하여 선박에 선탑하고 도선되어 정박할 선석까지 유도되는 동안 일괄적으로 선상에서 입국수속을 진행한다.

표 7-55 | 상황별 상하선 수속절차

구 분	상 황	절 차
육상수속	크루즈 전용터미널이 있는 경우	수하물 체크인 → CIQ 개별수속 → 편의시설이 있는 버퍼존(중립지대) → 승선
	크루즈 전용터미널이 없는 경우	임시여객수속장에서 CIQ 개별수속 → 도보 또는 셔틀버스로 선석으로 이동 → 승선
선상수속	CIQ 직접면접이 없는 선상수속	도선위치 접근 시부터 선실에서 대기 → 선내 라운지에서 직접 대면 없이 CIQ 일괄수속 → 하선 → 버퍼존 → 입국
	CIQ 직접면접이 있는 선상수속	도선위치 접근 시부터 선실에서 대기 → 선내 라운지에서 안내에 따라 개별적으로 CIQ수속 → 하선 → 버퍼존 → 입국

자료 : 한국문화관광정책연구원

(3) 각종 신고

선박의 입·출항 절차는 각 나라마다 행정체계나 행정서류의 양식 그리고 행정처리 관행에 따라 다소 차이가 있으나 기본적으로 세관업무, 출입국관리업무, 검역업무로 구분된다. 대부분의 입출항 선박은 이와 관련된 구체적 행정처리를 해운대리점을 통해서 대행하고 있다.

최근의 국제추세는 입·출항 시 요구되는 각종 제출서류 및 서식은 국제해사기구(IMO)의 FAL협약(Convention on Facilitation of International Maritime Traffic) 기준으로 통일되고 있는 상황이며, 한국의 경우 2001년 3월 협약에 가입하여 2001년 5월에 발효되었다.

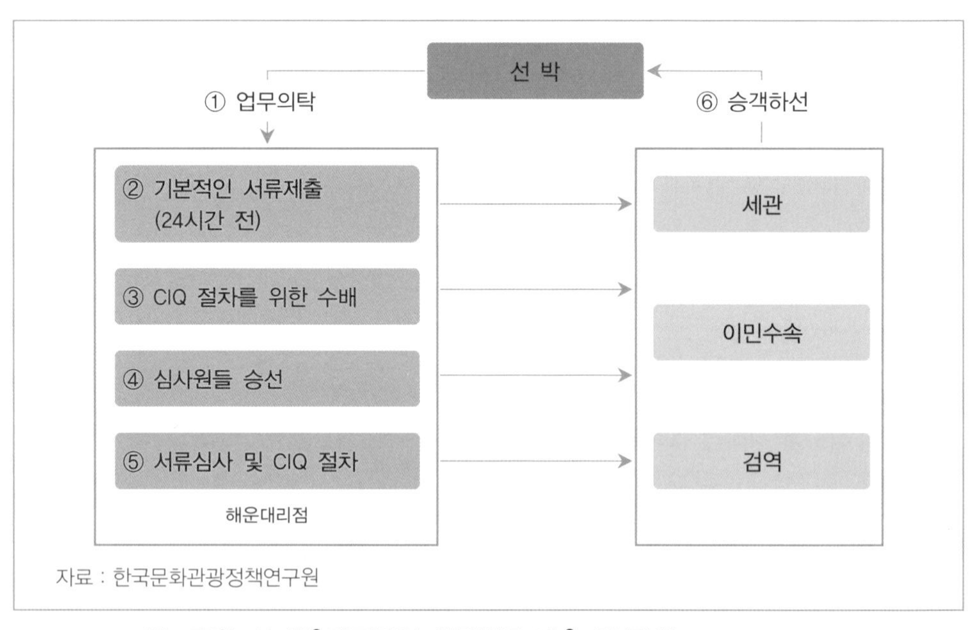

자료 : 한국문화관광정책연구원

그림 7-30 | 입·출항 시 해운대리점의 위탁업무 내용 및 절차

(4) 관련 제도 및 법규 검토

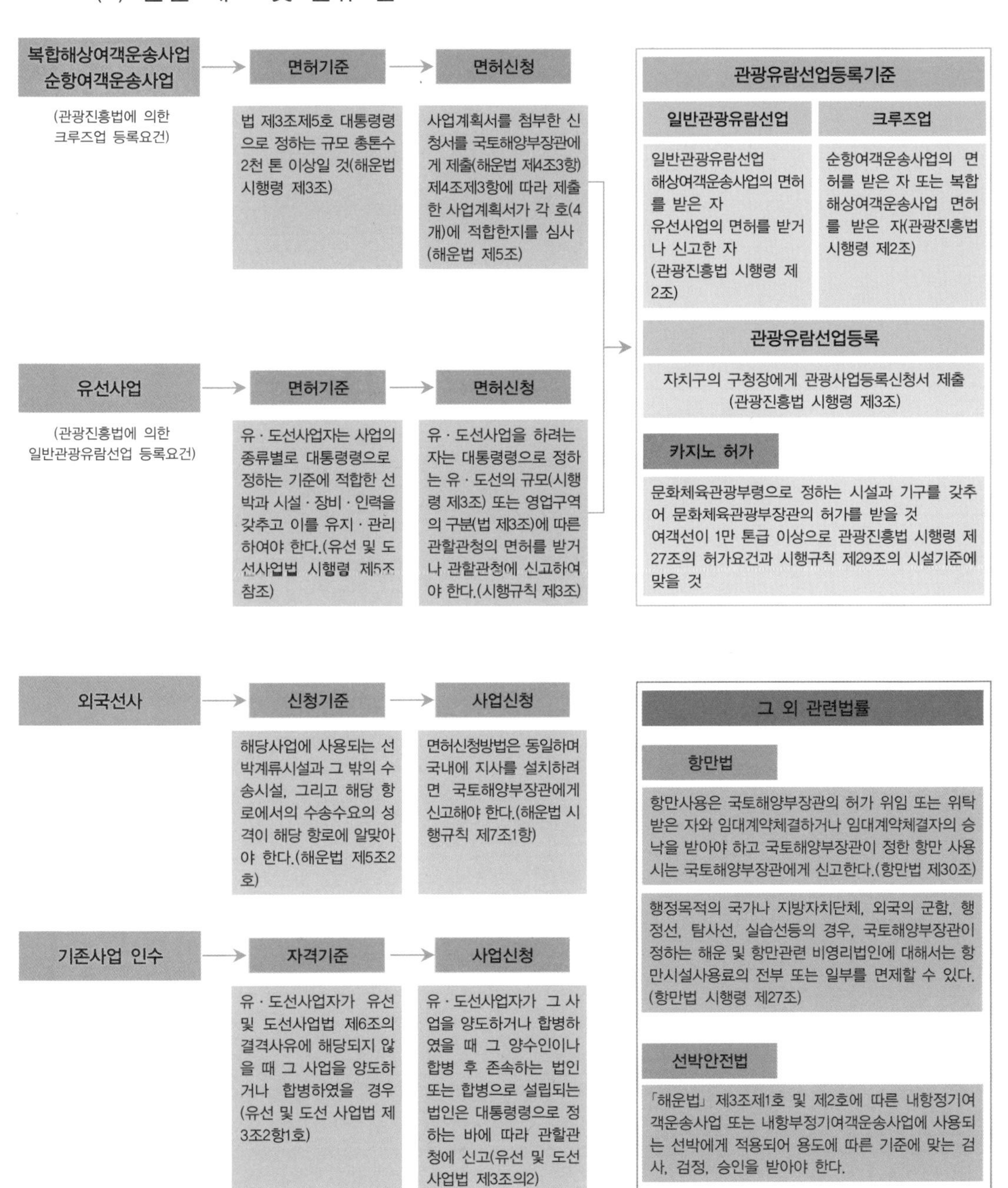

그림 7-31 | **관련 제도 및 법규 검토 흐름도**

APPENDIX

부 록

APPENDIX

1 세계의 크루즈선 제원 분석표

No	선 사 명	선 박 명	톤급별	총톤수 (Gross Tonnage)	전 장 (LOA, m)	건조 년도	사진
1	AIDA Cruises	AIDAcara	40,000	38,531	193	1996	
2		AIDAvita	40,000	42,289	203	2002	
3		AIDAaura	40,000	42,289	203	2003	
4		AIDAdiva	70,000	68,500	252	2007	
5		AIDAbella	70,000	69,203	252	2008	
6		AIDAluna	70,000	69,203	252	2009	
7		AIDAblu	70,000	71,304	253	2010	
8		AIDAsol	70,000	71,300	252	2011	
9		AIDAmar	70,000	71,304	253	2012	

No	선 사 명	선 박 명	톤급별	총톤수 (Gross Tonnage)	전 장 (LOA, m)	건조 년도	사진
10		AIDAstella	70,000	71,304	253	2013	
11		AIDAprima	120,000	124,500	300	2015	
12	Amadea shipping company	Amadea	25,000	28,856	193	1991	
13	Bahamas Paradise Cruise Line	Grand Celebration	45,000	47,262	223	1987	
14	Belinda Shipholding	Atlantic Star	45,000	46,087	240	1984	
15	Carnival Cruise Lines	Carnival Dream	130,000	128,250	306	2009	
16		Carnival Magic	130,000	128,048	306	2011	
17		Carnival Breeze	130,000	128,500	306	2012	
18		Carnival Splendor	110,000	113,323	290	2008	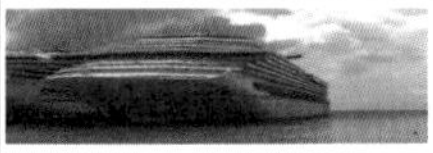
19		Carnival Freedom	110,000	110,239	290	2007	
20		Carnival Liberty	110,000	110,000	290	2005	
21		Carnival Valor	110,000	110,000	290	2004	
22		Carnival Glory	110,000	110,000	290	2003	
23		Carnival Conquest	110,000	110,000	290	2002	
24		Carnival Spirit	85,000	85,920	293	2001	

No	선 사 명	선 박 명	톤급별	총톤수 (Gross Tonnage)	전 장 (LOA, m)	건조 년도	사진
25		Carnival Pride	90,000	88,500	294	2001	
26		Carnival Legend	85,000	85,942	294	2002	
27		Carnival Miracle	85,000	85,942	294	2004	
28		Carnival Victory	100,000	101,509	272	2000	
29		Carnival Triumph	100,000	101,509	272	1999	
30		Carnival Sunshine	100,000	101,353	272	1996	
31		Carnival Ecstasy	70,000	70,367	261	1991	
32		Carnival Elation	70,000	70,367	261	1998	
33		Carnival Fantasy	70,000	70,367	261	1990	
34		CarnivaL Fascination	70,000	70,367	261	1994	
35		Carnival Imagination	70,000	70,367	261	1995	
36		Carnival Inspiration	70,000	70,367	260	1996	
37		Carnival Paradise	70,000	70,367	262	1998	
38		Carnival Sensation	70,000	70,367	261	1993	
39		Chinese Taishan	20,000	24,427	180	2000	

No	선 사 명	선 박 명	톤급별	총톤수 (Gross Tonnage)	전 장 (LOA, m)	건조 년도	사진
40	Celebrity Cruise	Celebrity Reflection	120,000	125,366	319	2012	
41		Celebrity Silhouette	120,000	122,210	315	2011	
42		Celebrity Eclipse	120,000	121,878	317	2010	
43		Celebrity Equinox	120,000	121,878	317	2009	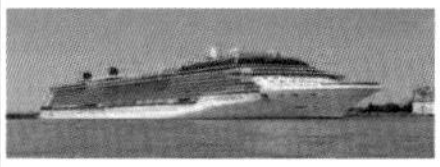
44		Celebrity Solstice	120,000	121,878	314	2008	
45		Celebrity Constellation	90,000	91,000	294	2002	
46		Celebrity Infinity	90,000	91,000	294	2001	
47		Celebrity Millennium	90,000	90,963	294	2000	
48		Celebrity Summit	90,000	91,000	294	2001	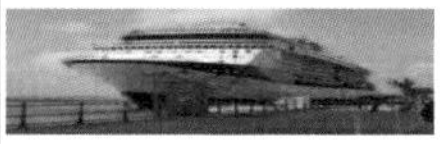
49	CDF Croisiers de France	Zenith	45,000	47,413	208	1992	
50		Horizon	45,000	46,811	208	1990	
51	Club Mediterreance	Club Med 2	15,000	14,983	194	1992	
52	Costa Cruises	Costa Diadema	130,000	132,500	306	2014	
53		Costa Fascinosa	110,000	114,500	290	2012	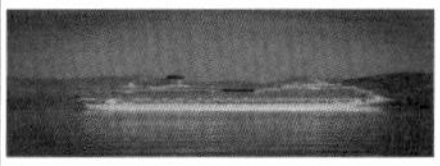
54		Costa Favolosa	110,000	113,216	290	2011	

No	선 사 명	선 박 명	톤급별	총톤수 (Gross Tonnage)	전 장 (LOA, m)	건조 년도	사진
55		Costa Pacifica	110,000	114,500	290	2009	
56		Costa Serena	110,000	114,147	290	2007	
57		Costa Magica	100,000	102,587	271	2004	
58		Costa Fortuna	100,000	102,587	273	2003	
59		Costa Atlantica	85,000	85,619	293	2000	
60		Costa Mediterranea	85,000	85,619	293	2003	
61		Costa Victoria	75,000	75,166	252	1996	
62		Costa neoromantica	55,000	56,769	220	1993	
63	Crystal Cruises	Crystal Symphony	50,000	51,044	238	1995	
64		Crystal Serenity	70,000	68,870	250	2003	
65	Cunard Line	Queen Mary 2	150,000	148,528	345	2002	
66		Queen Victoria	90,000	90,049	294	2007	
67		Queen Elizabeth	90,000	90,900	294	2010	
68	Celestyal Cruise	Celestyal Olympia	35,000	37,584	215	1981	
69		Louis Aura	15,000	15,781	160	1968	

No	선 사 명	선 박 명	톤급별	총톤수 (Gross Tonnage)	전 장 (LOA, m)	건조 년도	사진
70		Celestyal crystal	25,000	25,611	158	1980	
71		Celestyal odyssey	25,000	24,318	180	2001	
72	Cruise&Maritime Voyages	Magellan	45,000	46,052	222	1985	
73		Marco Polo	20,000	22,080	176	1965	
74		Astor	20,000	20,704	176	1987	
75	China Cruises	China Star	20,000	20,295	131	1992	
76	Demar Instaladora y Constructora	Enchanted Capri	15,000	15,410	157	1975	
77	Deutsche Seetoristik	Arkona	20,000	18,591	164	1981	
78	DFDS Seaways	Pearl Seaways	40,000	40,039	178	1988	
79	Disney cruise Lines	Disney Dream	130,000	129,690	340	2011	
80		Disney Fantasy	130,000	129,690	340	2012	
81		Disney Magic	80,000	83,338	300	1998	
82		Disney Wonder	80,000	83,000	294	1999	
83	Fred Oisen Cruise Lines	Black watch	30,000	28,613	205	1972	
84		Boudicca	30,000	28,372	206	1972	

No	선 사 명	선 박 명	톤급별	총톤수 (Gross Tonnage)	전 장 (LOA, m)	건조 년도	사진
85		Breamar	25,000	24,344	195	1993	
86		Balmoral	40,000	43,537	217	1988	
87		Black Prince	10,000	11,209	141	1966	
88	Fathom Cruise Lines	Adonia	30,000	30,277	180	2001	
89	Holland America Lines	Westerdam	80,000	81,811	285	2004	
90		Rotterdam	60,000	61,849	238	1996	
91		volendam	60,000	61,214	237	1999	
92		Ryndam	55,000	55,819	220	1994	
93		Maasdam	55,000	55,575	220	1993	
94		Veendam	55,000	57,092	219	1996	
95		Noordam	80,000	82,500	285	2006	
96		Prinsendam	40,000	38,848	205	1988	
97		Statendam	55,000	55,819	219	1993	
98		Prinsendam	40,000	38,848	205	1988	
99	Island Cruises	Henna	50,000	47,262	223	1986	

No	선 사 명	선 박 명	톤급별	총톤수 (Gross Tonnage)	전 장 (LOA, m)	건조 년도	사진
100		Island Escape	25,000	26,747	185	1982	
101		Horizon	45,000	46,811	208	1990	
102	MSC Cruises	MSC Divina	140,000	139,400	333	2012	
103		MSC Preziosa	140,000	139,400	333	2013	
104		MSC Fantasia	140,000	137,936	333	2008	
105		MSC Splendida	140,000	137,936	333	2009	
106		MSC Lirica	65,000	65,591	274	2003	
107		MSC Opera	65,000	65,591	274	2004	
108		MSC armonia	65,000	65,542	274	2001	
109		MSC Sinfonia	65,000	65,542	274	2002	
110	Mano Maritime	Royal iris	15,000	14,717	412	1971	
111		Golden iris	15,000	16,852	164	1975	
112	Millennium View Ltd	vistafjord	25,000	24,492	191	1972	
113	Norwegian Cruise line	Norwegian Epic	150,000	155,873	329	2008	
114		Norwegian Breakaway	140,000	144,017	325	2013	

No	선 사 명	선 박 명	톤급별	총톤수 (Gross Tonnage)	전 장 (LOA, m)	건조 년도	사진
115		Norwegian Getaway	140,000	146,600	325	2014	
116		Norwegian Star	90,000	91,740	294	2000	
117		Norwegian Sky	75,000	77,104	260	1999	
118		Norwegian Sun	80,000	78,309	258	2001	
119	Nina SpA	Azores	10,000	12,165	160	1948	
120	Nippon Yusen Kaisha	Asuka 2	50,000	50,142	241	1989	
121	Oceania Cruises	Insignia	30,000	30,277	180	1998	
122		Nautica	30,000	30,277	181	2000	
123	P&O Cruises	Ventura	110,000	115,000	291	2008	
124		Azura	110,000	115,000	290	2010	
125		Oceana	75,000	77,499	261	2002	
126		Aurora	75,000	76,152	270	2000	
127		Oriana	70,000	69,153	260	1995	
128		Arcadia	85,000	83,500	284	2005	
129		Adonia	30,000	30,277	180	2001	

No	선 사 명	선 박 명	톤급별	총톤수 (Gross Tonnage)	전 장 (LOA, m)	건조 년도	사진
130		Britannia	140,000	141,000	329	2015	
131	Peter Deilmann	Deutschland	20,000	22,400	175	1998	
132	Phoenix Reisen	Albatros	30,000	28,518	205	1973	
133		Maxim gorkly	25,000	24,981	194	1969	
134	Premier Cruises	Rotterdam	40,000	38,645	228	1959	
135	Princess Cruises	Royal Princess	140,000	142,714	330	2013	
136		Regal Princess	140,000	141,000	330	2014	
137		Sapphire Princess	110,000	115,875	290	2004	
138		Coral Princess	90,000	91,672	294	2002	
139		Diamond Princess	110,000	115,875	290	2004	
140		Emerald Princess	110,000	113,651	290	2007	
141		Crown Princess	110,000	113,561	290	2006	
142		Ruby Princess	110,000	113,561	290	2008	
143		Caribbean Princess	110,000	112,894	290	2004	

No	선 사 명	선 박 명	톤급별	총톤수 (Gross Tonnage)	전 장 (LOA, m)	건조 년도	사진
144		Star Princess	110,000	108,977	290	2002	
145		Golden Princess	110,000	108,865	290	2001	
146		Grand Princess	110,000	107,517	290	1998	
147		Sea Princess	75,000	77,690	261	1997	
148		Dawn Princess	75,000	77,499	261	1997	
149		Sun Princess	75,000	77,499	261	1995	
150		Ocean Princess	30,000	30,277	181	1999	
151		Pacific Princess	30,000	30,277	181	1999	
152		Island Princess	90,000	91,672	294	2003	
153	Peace Boat	Ocean Dream	35,000	35,265	204	1981	
154	Radission Seven Seas Cruise	Seven Seas Mariner	30,000	28,075	216	2001	
155		Seven Seas Voyager	40,000	42,363	206	2001	
156		Seven Seas Navigator	30,000	28,550	170	1999	
157		Paul Gauguin	20,000	19,170	153	1997	

No	선 사 명	선 박 명	톤급별	총톤수 (Gross Tonnage)	전 장 (LOA, m)	건조 년도	사진
158	Regal Cruises	Regal Empress	20,000	21,909	186	1953	
159	Renaissance Cruises	R1	30,000	30,277	180	1998	
160		R2	30,000	30,277	180	1998	
161		R3	30,000	30,277	180	1999	
162		R4	30,000	30,277	180	1999	
163		R5	30,000	30,277	180	2000	
164		R6	30,000	30,277	181	2000	
165		R7	30,000	30,277	181	2000	
166		R8	30,000	30,277	180	2000	
167	Royal Caribbean International	Harmony of the Seas	220,000	227,000	362	2016	
168		Allure of the Seas	222,000	225,282	362	2010	
169		Oasis of The Seas	222,000	225,282	362	2009	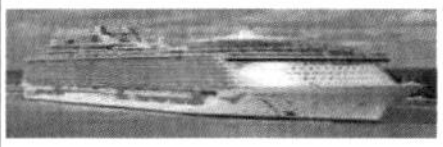
170		Quantum of the Seas	170,000	168,666	348	2014	
171		Anthem of the Seas	170,000	168,666	348	2015	
172		Ovation of the Seas	170,000	168,666	348	2016	

No	선 사 명	선 박 명	톤급별	총톤수 (Gross Tonnage)	전 장 (LOA, m)	건조 년도	사진
173		Freedom of the Seas	150,000	154,407	339	2006	
174		Liberty of the Seas	150,000	154,407	339	2007	
175		Independence of the Seas	150,000	154,407	339	2008	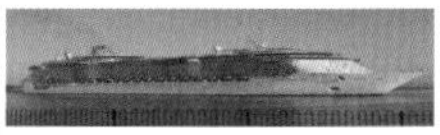
176		Navigator of the Seas	140,000	139,570	311	2002	
177		Mariner of the Seas	140,000	138,279	311	2003	
178		Explorer of the Seas	140,000	138,194	311	2000	
179		Voyager of the Seas	140,000	138,194	311	1999	
180		Adventure of the Seas	140,000	137,276	311	2001	
181		Brilliance of the Seas	90,000	90,090	292	2002	
182		Radiance of the Seas	90,000	90,090	293	2001	
183		Jewel of the Seas	90,000	90,090	293	2004	
184		Serenade of the Seas	90,000	90,090	293	2003	
185		Rhapsody of the Seas	80,000	78,878	279	1997	
186		Vision of the Seas	80,000	78,717	279	1998	

No	선 사 명	선 박 명	톤급별	총톤수 (Gross Tonnage)	전 장 (LOA, m)	건조 년도	사진
187		Grandeur of the Seas	75,000	73,817	279	1996	
188		Majesty of the Saes	75,000	74,077	268	1992	
189		Enchantment Of The seas	80,000	82,910	301	1997	
190		Legend Of The seas	70,000	69,472	264	1995	
191		Splendour Of The seas	70,000	69,130	264	1996	
192	Royal Olympic Cruise	Ocean Countess	15,000	17,593	163	1976	
193		Triton	15,000	14,000	148	1971	
194		Odysseus	10,000	12,000	147	1961	
195		Maestro	10,000	12,000	149	1965	
196	ROW Management	The World	40,000	43,524	196	2000	
197	Salamis Cruise Lines	Salamis Filoxenia	15,000	16,331	156	1974	
198	Seabourn Cruise Line	Seabourn Odyssey	30,000	32,346	200	2009	
199		Seabourn Quest	30,000	32,348	169	2011	
200		Seabourn Sojourn	30,000	32,346	198	2010	

No	선 사 명	선 박 명	톤급별	총톤수 (Gross Tonnage)	전 장 (LOA, m)	건조 년도	사진
201	Sliversea Cruise	Silver Shadow	40,000	28,258	186	2000	
202		Silver Whisper	40,000	28,258	190	2001	
203		Silver Cloud	15,000	16,800	157	1994	
204		Silver Wind	15,000	16,800	156	1995	
205		Silver Spirit	35,000	36,000	196	2009	
206	Star Cruise	SuperStar Virgo	75,000	75,338	268	1999	
207		SuperStar Libra	40,000	42,275	216	1988	
208		Star Pisces	40,000	40,012	176	1990	
209		SuperStar Gemini	50,000	50,764	229	1992	
210		SuperStar Aquarius	50,000	51,309	229	1993	
211		The Taipan	5,000	3,370	85	1989	
212	Thomsom Cuises	Thomson spirit	30,000	33,930	214	1982	
213		Thomson celebration	30,000	33,933	214	1983	
214		Thomson Dream	55,000	54,763	243	1985	
215		Thomson Majesty	40,000	40,876	207	1991	

No	선 사 명	선 박 명	톤급별	총톤수 (Gross Tonnage)	전 장 (LOA, m)	건조 년도	사진
216	TUI Cruises	Mein Schiff 1	75,000	76,522	259	1996	
217		Mein Schiff 2	80,000	77,713	264	1997	
218		Mein Schiff 3	100,000	99,526	293	2013	
219		Mein Schiff 4	100,000	99,526	293	2015	
220	Windstar Cruises	Wind Surf	15,000	14,745	182	1990	
221	郵船クルーズ (유선크루즈)	ASUKA2	50,000	50,142	241	1990	
222	商船三井客船 (상선미쯔이 객선)	NIPPONMARU	20,000	21,903	166	1990	
223	日本クルーズ客船 (일본크루즈 객선)	PACIFIC VENUS	25,000	26,594	183	1998	
224	関釜フェリー (관부페리)	HAMAUU	15,000	16,187	162	1998	
225	カメリアライン (카메리아라인)	NEW CAMELLIA	20,000	19,961	170	2004	
226	Bohai Ferry(중국 선사)	Chinese Taishan	25,000	24,427	180	2000	
227	SkySea Cruise(중국 선사)	SkySea Golden Era	70,000	71,545	248	1955	

Reference

참고문헌

1. 국내문헌

김천중, 『크루즈사업론』, 학문사, 1999.
______, 『크루즈관광의 이해』, 백산출판사, 2008.
______, 『해양관광과 크루즈산업』, 백산출판사, 2012.
______, 『크루즈관광의 비전』, 미세움, 2016.
______, 「제주 크루즈전용항 개발방안」, 연구용역보고서, 2006.
______, 「해양관광 활성화를 위한 해양크루즈사업의 과제」, 국회보고자료, 2006.
이경모, 『크루즈산업의 이해』, 대왕사, 2004.
하인수, 『크루즈산업의 이해』, 현학사, 2004.
한국해양대학교, 「크루즈 전용터미널의 개발 방향과 해양관광산업의 발전 방안에 관한 연구」, 2002.
한국문화관광정책연구원, 「크루즈산업 육성을 위한 관광진흥계획 수립」, 2006.
한국해양수산개발원, 「크루즈 관광산업 발전기반 조성방안」, 2006.

2. 국외문헌

Blum, Ethel, *Worldwide Cruising*, 14th Edition, Travel Publications, Inc., 2003.
Cudahy, Brain J., *The Cruise Ship Phenomenon in North America*, Cornell Maritime Press, 2001.
Dawson, Philip, *Cruise Ship; An Evolution in Design*, Conway Maritime Press, 2000.
Dervaes, Claudine, Selling Cruises, Thomson Delmar Learning, 2003.
Dickinson, Bob & Andy Vladimar, *Selling the Sea : An Inside Look at the Cruise Industry*, John Wiley & Sons, Inc., 1997.
Douglas, Norman, N. Douglas & R. Derrett, *Special Interest Tourism*, Australia : John Wiley & Sons Ltd., 2001.
Gold, Hal, *The Cruise Book*, Delmar Publishers Inc., 1990.
Hall, C.M. & B. Weiler, *Special Interest Tourism*, London : Bellhave Press, 1992.
Hughes, Gwyn, "The Developing Market in the Fast East," Seatrade Asia Pacific Convention Marketing the Product Seminar, Singapore, 1991.
Israel, Giora & Laurence Miller, *Dictionary of the Cruise Industry*, Seatrade Cruise Academy Publisher, 2002.
Lloyd Harvey, *VOYAGES : The Romance of Cruising*, Del Mar California : Tehabi Books, 1999.
Mancini, Marc, Ph.D., *Cruising : A Guide To The Cruise Line Industry*, Delmar, 2000.
Maring, Richard B., *Cruise Ship Jobs : The Insiders Guide to Finding and Getting Jobs on Cruise Ship Around the World*, Protofino Publishing, 1998.
Miller, Mary Fallon, *Cruise Chooser*, Miller, 2001.

Millier, William H., *The Cruise Ship*, London : Conway Maritime Press, 1998.
Scull, Theodore W., *100 Best Cruise Vacations*, Globe Pequot Press, 1999.
Vipond, Anne, *The Complete Cruise*, Vancouver, Canada : Ocean Cruise Guides Ltd., 2000.

3. 인터넷 사이트

1) 크루즈 관련 조직 · 기구

www.crusing.org(Cruise Line International Association)
www.f-cca.com(Florida Caribbean Cruise Association)
www.iccl.org(International Council of Cruise Lines)
www.imli.org(IMO International Maritime Law Institute)
www.imo.org(International Maritime Organization)
www.jamri.or.jp(Japanese Maritime Research Institute)
www.jasnet.or.jp(The Japanese Shipowners, Association)
www.1r.org(Lloyd's Maritime Information Services)
www.momaf.go.kr(국토해양부)
www.nacoaonline.com(Seatrade Cruise Shipping Convention)
www.singaporemaritimeportal.com(Singapore Maritime Portal)
www.singstat.gov.sg(Statistics Singapore)
제주해양관리단, http://jeju.monaf.go.kr

2) 크루즈 관련 사이트

【예약사이트】

www.4cruise.com
www.amasafari.com
www.cruise411.com
www.cruisecritic.com
www.cruisemates.com
www.cruise-news.com
www.cruiseweb.com
www.cruisewest.com
www.smallshipcruises.com

【크루즈선사】

www.cruisehawaii.com(아메리카하와이선사)
www.bergenline.com(미국 베르겐선사)
www.canival.com(카니발 크루즈선사)
www.celebrity-cruises.com(셀러브리트 크루즈선사)
www.commodoreruise.com(코모도어 크루즈선사)

www.costacruises.com(코스타 크루즈선사)
www.cunardline.com(커나르드선사)
www.disneycruise.com(디즈니 크루즈선사)
www.hollandamerica.com(홀랜드아메리카선사)
www.ncl.com(노르위전 크루즈선사)
www.orientlines.com(오리엔트 크루즈선사)
www.royalcaribbean.com(로열 캐리비안 크루즈선사)
www.premiercruise.com(프리미어 크루즈선사)
www.royalolympiccruises.com(로열올림픽 크루즈선사)
www.princesscruises.com(프린세스 크루즈선사)
www.seabourn.com(시번 크루즈선사)
www.rssc.com(래디슨 세븐시 크루즈선사)
www.silversea.com(실버시 크루즈선사)
www.regalcruises.com(리갈 크루즈선사)
www.windstarcruises.com(윈드스타 크루즈선사)
www.asukacruise.co.jp(Asuka Cruise)
www.crystalcruises.com(Crystal Cruises)
www.mol.co.jp(Mitsui O.S.K Lines)
www.mopas.co.jp(Mitsuk O.S.K. Passenger Line)
www.venus-cruise.co.jp(Japan Cruise Line)

저자약력

김천중 金天中

현재) 용인대학교 관광학과 교수
산학협력단 부설 크루즈&요트마리나 연구소 소장
관광경영학회 회장

【주요 경력 및 자격】

전)중앙항만정책 심의위원회 위원(해양수산부)
대한요트협회 이사(마리나산업 위원장)
해양관광 기술자문위원(해양수산부)
전북, 안산시, 용인시 관광자문위원

【면허 및 자격】

요트/보트 조종면허 취득(2005)
뉴질랜드 요트학교 수료(2004)
국외여행안내사(1981)
영어통역안내사(1979)

【주요저서】

크루즈관광의 비전(2016, 미세움)
요트항해입문제2판(2015, 백산)
요트와 보트(2014, 미세움)
해양관광과 마리나산업(2012, 백산)
해양관광과 크루즈산업(2012, 백산)
요트항해입문(2008, 백산)
요트관광의 이해(2008, 백산)
요트의 이해와 항해술(2007, 상지)
크루즈사업론(1999, 학문사)

【E-mail 및 홈페이지】

centersky@hanmail.net
www.yacht-cruise.com
www.요트관광.com
www.yachttour.net

크루즈관광의 성공전략

—

인쇄 2018년 5월 25일 1판 1쇄
발행 2018년 5월 31일 1판 1쇄

지은이 김천중
펴낸이 강찬석
펴낸곳 도서출판 미세움
주소 (150-838) 서울시 영등포구 도신로51길 4
전화 02-703-7507
팩스 02-703-7508
등록 제313-2007-000133호
홈페이지 www.misewoom.com

정가 27,000원

—

ISBN 979-11-88602-09-4 93980